MÉMOIRE

SUR

L'INTÉGRATION DES ÉQUATIONS LINÉAIRES AUX DIFFÉRENTIELLES PARTIELLES A TROIS VARIABLES,

PAR

R. LOBATTO.

AMSTERDAM,
C. G. SULPKE.

1837.

MÉMOIRE

SUR

L'INTÉGRATION DES ÉQUATIONS LINÉAIRES AUX DIFFÉRENTIELLES PARTIELLES A TROIS VARIABLES.

1. Malgré l'importance des travaux sur l'intégration des équations aux différentielles partielles, dûs aux géomètres modernes qui, depuis *Euler* et *d'Alembert*, se sont attachés à perfectionner cette branche d'analyse, on ne saurait cependant disconvenir que les méthodes employées jusqu'ici laissent encore beaucoup desirer sous le double rapport de l'uniformité et dela généralité. Diverses classes d'équations différentielles, amenées par l'application de l'analyse à des questions de physique et de mécanique, ont déjà fait l'objet de profondes recherches dela part des premiers géomètres de ce siècle, parmi lesquels il suffira de citer les *Laplace*, *Lagrange*, *Poisson*, *Fourier*, *Cauchy*; recherches où l'on admire les efforts que le génie a du faire pour vaincre les difficultés qui avaient arrêté d'autres géomètres moins heureux dans leurs travaux. Toutefois, en regardant la disparité des méthodes d'intégration, et la prolixité des calculs qu'elles exigent souvent, on se convaincra sans peine que la matière est loin d'être épuisée encore, et que les progrès ultérieurs dans cette partie de l'analyse ne peuvent

provenir que de l'emploi de nouvelles méthodes tendantes à simplifier et à généraliser en même tems les procédés d'intégration. A cet effet, je pense qu'il deviendrait indispensable d'adopter de nouveaux signes propres à représenter l'ensemble de diverses opérations analytiques, et à former la base d'une espèce d'algorithme de calcul, applicable à ces opérations. On a déjà pu remarquer dans le mémoire précédent, les avantages d'une notation simplifiée en ce qui concerne l'intégration des équations différentielles ordinaires; c'est dans le même sens que je vais présenter ici quelques nouvelles vues rélativement à la théorie de l'intégration des équations aux différentielles partielles. Le présent travail qui se borne aux équations linéaires à trois variables, ne doit être considéré que comme un premier essai sur la matière, et dont je reconnais toute l'imperfection. Mais en attendant que je puisse m'occuper à étendre mes recherches aux équations d'un plus grand nombre de variables, je verrais volontiers que la publication de ce travail préliminaire pût donner lieu à ce que d'autres géomètres perfectionnent les vues qu'il contient, et qui, à ce que j'espère, ne seront pas jugées indignes de fixer leur attention.

2. Les équations aux différentielles partielles de tous les ordres, sont susceptibles d'être rangées, sous le rapport dela difficulté de leur intégration, en deux classes principales; savoir:

1.° Celles qui établissent une rélation entre la fonction inconnue et ses coefficiens différentiels partiels, multipliés chacun par une constante.

2.° Celles où les facteurs qui affectent ces coefficiens différentiels sont des fonctions d'une ou de plusieurs variables indépendantes.

Nous ne traiterons pour le moment que les équations des premier et second ordres, en suivant pour chaque ordre la classification ci-dessus énoncée.

§ I. *Equations différentielles du premier ordre.*

3. Soit z une fonction des deux variables indépendantes x, y, et désignons, conformément à la notation adoptée dans notre mémoire sur la théorie des caractéristiques, par $\partial_x z$, $\partial_y z$, les coefficiens différentiels partiels de cette fonction, pris par rapport aux variables x, y. L'équation la plus simple du premier ordre, appartenant à la première classe, sera représentée par

$$\partial_x z + a\,\partial_y z = 0.$$

On parvient directement à la valeur de son intégrale, en substituant aux coefficiens différentiels partiels, leurs expressions en fonction dela caractéristique E, ce qui transformera la proposée en

$$[\mathrm{l}(E_x) + a\,\mathrm{l}(E_y)]z = 0\,;$$

d'où l'on tire l'équation caractéristique $\mathrm{l}(E_x) + a\,\mathrm{l}(E_y) = 0$, qui donne la rélation $E_x = (E_y)^{-a}$; donc, à cause de $z = E_x^x z_{y.0}$ (le mémoire cité n.° 19), il viendra en y substituant la valeur de E_x

$$z = E_y^{-ax} z_{y.0} = z_{y-ax}\,,$$

c'est-à-dire

$$z = \varphi(y - ax)\,,$$

pour l'intégrale cherchée; φ indiquant une fonction arbitraire.

Cette intégrale peut s'obtenir encore ainsi qu'il suit. Si l'on remplace la caractéristique $a\partial_y$ par la constante A, l'équation différentielle

$$\partial_x z + \mathrm{A}z = 0\,,$$

qui en résultera, aura évidemment pour intégrale complète

$$z = e^{-\mathrm{A}x}\varphi(y).$$

Ecrivant maintenant au lieu de A, sa valeur caractéristique, il viendra pour l'intégrale cherchée

$$z = e^{-ax\partial_y}\,\varphi(y) = \varphi(y - ax).$$

Représentons par la caractéristique D_a, l'opération à effectuer sur la fonction z, pour en déduire la valeur de $\partial_x z + a\partial_y z$: cela revient à poser la rélation caractéristique

$$\partial_x + a\partial_y = D_a.$$

L'équation
$$D_a z = o,$$

étant intégrée par rapport à cette nouvelle caractéristique, donnera d'après ce qui précède

$$z = \phi(y-ax).$$

4. Soit maintenant

$$z = P\,\phi(y-ax) \tag{1}$$

où le facteur P exprime une fonction de x et y; on trouvera aisément, en effectuant sur cette équation, l'opération indiquée par D_a,

$$D_a z = D_a P.\,\phi(y-ax) \tag{2}$$

d'où l'on voit que la fonction arbitraire se comporte ici de la même manière qu'une constante dans la différentiation ordinaire

En repétant successivement la même opération, il viendra en général

$$D_a^n z = D_a^n P.\,\phi(y-ax)\,, \tag{3}$$

où l'exposant n énonce le nombre de fois que l'opération dont il s'agit a été effectuée sur les fonctions z, P.

Si l'on désigne l'opération inverse $\frac{1}{D_a}$ ou D_a^{-1}, par le signe intégral S_a, on trouvera de même l'équation générale

$$D_a^{-n} z = S_a^n z = S_a^n P.\,\phi(y-ax). \tag{4}$$

Lorsque le facteur P qui entre dans l'équation (1) est seulement fonction de x ou de y, on aura dans le premier cas,

$$\left.\begin{aligned} D_a z &= \frac{dP}{dx} \cdot \varphi(y - ax) \\ D_a^n z &= \frac{d^nP}{dx^n} \cdot \varphi(y - ax) \\ S_a^n z &= {}^n\!\!\int P\, dx^n \cdot \varphi(y - ax), \end{aligned}\right\} \qquad (5)$$

et dans le second cas,

$$\left.\begin{aligned} D_a z &= a \frac{dP}{dy} \cdot \varphi(y - ax) \\ D_a^n z &= a^n \frac{d^nP}{dy^n} \cdot \varphi(y - ax) \\ S_a^n z &= \frac{1}{a^n}\, {}^n\!\!\int P dy^n \cdot \varphi(y - ax). \end{aligned}\right\} \qquad (6)$$

Supposons $$D_a^n z = 0,$$

on satisfera à cette équation de deux manières; d'abord en prenant

$$P = Ax^{n-1} + Bx^{n-2} \ldots + Mx + N,$$

intégrale de l'équation $\frac{d^nP}{dx^n} = 0$; ensuite en faisant

$$P = A'y^{n-1} + B'y^{n-2} \ldots + M'y + N',$$

intégrale de l'équation $\frac{d^nP}{dy^n} = 0$; il en résultera

$$z = \{A x^{n-1} + B x^{n-2} + \text{etc.}\} \varphi(y - ax),$$

ou bien $$z = \{A'y^{n-1} + B'y^{n-2} + \text{etc.}\} \varphi(y - ax).$$

Aucune des deux expressions précédentes ne représente cependant la valeur complète dela fonction z, donnée par l'équation $D_a^n z = 0$. En effet, si l'on observe que chaque intégration successive par rapport à D_a, introduit une nouvelle fonction arbitraire $\varphi(y - ax)$, il est évident qu'une première intégration donnant

$$D_a^{n-1} z = \varphi(y - ax),$$

une seconde fournira

$$D_a^{n-2}z = (x+A)\,\phi(y-ax) + \phi_1(y-ax),$$

ainsi que cela résulte dela dernière des équations (5), en y supposant $P=1$ et $n=1$. Or, par la nature des fonctions arbitraires, cette expression peut se réduire à

$$D_a^{n-2}z = \phi(y-ax) + x\phi_1(y-ax).$$

En raisonnant de même sur la troisième intégrale, on verra facilement qu'elle s'exprimera par

$$D_a^{n-3}z = \phi(y-ax) + x\phi_1(y-ax) + x^2\phi_2(y-ax)$$

et ainsi de suite, chaque nouvelle fonction arbitraire étant multipliée par une puissance plus élévée de x; on en conclura pour la valeur complète de l'intégrale n^{me}.

$$z = \phi(y-ax) + x\phi_1(y-ax) + x^2\phi_2(y-ax) \ldots + x^{n-1}\phi_{n-1}(y-ax) \quad (7)$$

Il est évident qu'on aurait pu obtenir dela même manière

$$z = \phi(y-ax) + y\phi_1(y-ax) + y^2\phi_2(y-ax) \ldots + y^{n-1}\phi_{n-1}(y-ax) \quad (8)$$

Ces deux expressions qui comportent la même généralité, satisferont à l'équation

$$D_a^n z = 0,$$

exprimant sous une forme abrégée, l'équation de l'ordre n^{me}

$$(\partial_x + a\partial_y)^n z = \frac{d^n z}{dx^n} + na\frac{d^n z}{dx^{n-1}dy} + \frac{n.\,n-1}{1.\,2}a^2\frac{d^n z}{dx^{n-2}dy^2} \ldots + a^n\frac{d^n z}{dy^n} = 0.$$

Ces mêmes expressions serviront en outre à compléter la valeur de $S_a^n z$ donnée par la formule (4), afin de lui donner toute la généralité possible; ce qui établit une analogie remarquable avec les intégrations ordinaires.

5. Passons maintenant à l'équation du premier ordre

$$\partial_x z + a\partial_y z - \mathrm{V} = 0,$$

contenant un terme V fonction de l'une, de deux ou des trois variables à la fois.

Cette équation qui peut être représentée plus simplement par

$$\mathrm{D}_a z = \mathrm{V},$$

donnera immédiatement pour l'intégrale cherchée, l'expression

$$z = \mathrm{S}_a \mathrm{V} + \phi(y - ax);$$

ce qui ramène la question à celle d'obtenir la valeur de $\mathrm{S}_a\mathrm{V}$, quelle que soit la forme de cette fonction.

Supposons d'abord que V ne contienne qu'une seule variable x ou y; dans cette hypothèse, on aura évidemment

$$\mathrm{S}_a \mathrm{V} = \int \mathrm{V} dx, \text{ ou } = \frac{1}{a}\int \mathrm{V} dy,$$

ce cas particulier rentre ainsi dans l'intégration ordinaire.

Lorsque V est une fonction de x et y à la fois, on fera $y - ax = t$, et l'on remplacera la variable y par sa valeur $t + ax$. V devenant alors une fonction des variables x, t, on pourra toujours la supposer développée suivant les puissances de x multipliées par des fonctions de t. De cette manière la détermination de $\mathrm{S}_a\mathrm{V}$ sera réduite à celle de la quantité $\mathrm{S}_a\, kx^n\, \phi(t)$, qui exprime le terme général du développement de V. Or, puis qu'en vertu de la dernière des équations (5), la fonction $\phi(t)$ se comporte dans chaque terme comme une quantité constante, on remarquera sans peine, que l'on pourra se dispenser d'effectuer le développement dont il s'agit; et que toute l'opération se bornera, après avoir changé V en une fonction des variables x, t, à intégrer $\mathrm{V}dx$, seulement par rapport à x, en y regardant t comme une constante, qui devra être remplacée ensuite par sa valeur $y - ax$. Les deux exemples suivans éclairciront ce procédé.

Soit 1°. $V = xy$. Cette fonction se transformera en $tx + ax^2$, d'où il suit

$$\int V dx = \frac{1}{2} tx^2 + \frac{1}{3} ax^3;$$

donc
$$z = S_a xy = \frac{1}{2}(y - ax)x^2 + \frac{1}{3} ax^3 + \phi(y - ax)$$
$$= \frac{1}{2} x^2 y - \frac{1}{6} ax^3 + \phi(y - ax)$$

sera l'intégrale complète de l'équation

$$\partial_x z + a\partial_y z = xy.$$

2.° $V = x^2 + y^2$; on aura

$$\int V dx = \int \{t^2 + 2axt + (a^2+1)x^2\} dx$$
$$= t^2 x + ax^2 t + \left(\frac{a^2+1}{3}\right)x^3;$$

donc
$$z = S_a(x^2+y^2) = xy^2 - ax^2 y + \left(\frac{a^2+1}{3}\right)x^3 + \phi(y - ax),$$

exprimera l'intégrale complète de l'équation

$$\partial_x z + a\partial_y z = x^2 + y^2.$$

6. La regle que nous venons de déduire de notre théorie pour obtenir la valeur de $S_a \phi(x, y)$, quelle que soit la forme de cette fonction, revient au fond à celle donnée, quoique d'une manière moins simple, par les méthodes d'intégration employées jusqu'ici (*). Mais il importe de faire voir maintenant, qu'on peut-même éviter l'élimination dela variable y, au moyen de sa valeur $t + ax$, en appliquant à l'évaluation de $S_a \phi(x, y)$ une méthode d'intégration par parties, tout à fait analogue à celle employée dans le calcul intégral ordinaire. En effet, il est facile de s'assurer qu'en représentant par X une fonction de x, et par Y une fonction de y, on aura la formule

$$D_a XY = Y\partial X + aX\partial Y. \qquad (9)$$

(*) Voyez entre autres *Lacroix*. Tom. II. pag. 538.

Changeons ∂X en X, et X en X', il viendra, en intégrant par rapport à D_a,

$$S_a XY = X'Y - aS_a(X'\partial Y) \qquad (10)$$

X' étant égal à $\int X dx$.

Chaque fois que Y sera une fonction algébrique et entière de y de l'ordre n, cette dernière formule ramènera l'évaluation de $S_a XY$ à celle de ${}^n\!\int X dx^n$. On tire encore de l'équation (9), en y changeant ∂Y en Y et Y en $Y' = \int Y dy$

$$S_a XY = \frac{1}{a}\left\{XY' - S_a(Y'\partial X)\right\}. \qquad (11)$$

Si la fonction X est de nature à donner $\partial^n X = 0$, l'évaluation de $S_a XY$ sera ramenée par cette formule à celle de ${}^n\!\int Y dy^n$.

Dans le cas particulier de $X = 1$, la formule (10) donnera

$$S_a Y = xy - aS_a(x\partial Y) \qquad (12)$$

et la formule (11)

$$S_a Y = \frac{1}{a}\int Y dy \qquad (13)$$

ainsi qu'il à déjà été indiqué dans le n.° précédent.

Or, puisqu'il est toujours possible en général, d'exprimer la fonction V au moyen de produits dela forme XY, on pourra alors appliquer à chacun de ceux ci, une des formules (10), (11).

Soit d'abord $V = xy$, on en tire immédiatement en vertu dela première de ces formules

$$S_a xy = y\frac{x^2}{2} - a\int\frac{x^2}{2}dx = \frac{1}{2}yx^2 - \frac{1}{6}ax^3$$

Prenons encore $V = x^2 + y^2$; on aura en vertu dela formule (12)

$$S_a V = \int x^2 dx + S_a y^2 = \frac{x^3}{3} + y^2 x - 2aS_a xy$$

$$= xy^2 - ax^2 y + \left(\frac{a^2+1}{3}\right)x^3$$

résultats conformes à ceux obtenus par notre première méthode d'intégration. Mais, en évaluant $S_a y^2$ d'après la formule (13), on obtiendra pour $S_a(x^2+y^2)$ l'expression plus simple

$$\frac{x^3}{3}+\frac{y^3}{3a},$$

qui semble différer du résultat précédent. Cette différence tient uniquement à ce que la quantité

$$\frac{y^3-3axy^2+3a^2x^2y-a^3x^3}{3a}=\frac{(y-ax)^3}{3a},$$

que l'on obtient en soustrayant le premier résultat du second, pourra être englobée dans la fonction arbitraire $\varphi(y-ax)$, qui doit compléter chacune des deux intégrales. Ces deux expressions sont donc également exactes.

Soient en général P, Q, deux fonctions des variables x, y à la fois, on trouvera sans peine que

$$D_a PQ = PD_aQ + QD_aP \tag{14}$$

$$D_a \left(\frac{P}{Q}\right) = \frac{QD_aP - PD_aQ}{Q^2} \tag{15}$$

$$D_a P^m = mP^{m-1} D_a P \tag{16}$$

$$D_a e^P = e^P D_a P, \tag{17}$$

rélations analogues à celles données par la différentiation ordinaire, et qui nous seront utiles dans la suite.

La première fournira encore la suivante, qui servira à l'intégration par parties

$$S_a PQ = PS_aQ - S_a[D_aP \times S_aQ], \tag{18}$$

et qui comprend comme cas particuliers, les deux formules (10), (11)

7. L'intégration devient plus compliquée et très souvent impossible à effectuer, lorsque le terme V contient les trois variables à la fois. Nous n'entreprendrons pas de traiter ce cas général; mais nous nous bornerons à indiquer divers cas particuliers, dont l'intégration se ramène

aisément à celle des équations contenant un terme V seulement fonction des deux variables indépendantes.

Supposons en premier lieu $V = \alpha z + T$; T désignant une fonction de x, y, et α un facteur constant. L'équation différentielle pourra s'écrire alors sous la forme

$$(D_a - \alpha)z = T.$$

Pour intégrer celle ci, faisons $z = e^{\alpha x}Z$; d'où l'on tire

$$D_a z - \alpha z = e^{\alpha x}D_a Z + Z\partial e^{\alpha x} - \alpha e^{\alpha x}Z = e^{\alpha x}D_a Z.$$

La proposée se changera ainsi en

$$e^{\alpha x}D_a Z = T, \quad \text{ou bien} \quad D_a Z = e^{-\alpha x}T.$$

Il s'en suit immédiatement

$$Z = S_a e^{-\alpha x}T + \phi(y-ax)$$

donc
$$z = e^{\alpha x}\{S_a e^{-\alpha x}T + \phi(y-ax)\}.$$

En intégrant par parties, d'après la formule (18), on trouvera encore pour la valeur de z, la série

$$z = e^{\alpha x}\phi(y-ax) - \frac{1}{\alpha}T + \frac{1}{\alpha^2}D_a T - \frac{1}{\alpha^3}D_a^2 T \ldots.$$

$$\pm \frac{1}{\alpha^n}D^{n-1}T - \frac{e^{\alpha x}}{\alpha^n}S_a e^{-\alpha x}D_a^n T.$$

Donc si la fonction T est de nature à donner $D_a^n T = 0$, la série précédente s'arrêtera au terme $\pm \frac{1}{\alpha^n}D_a^{n-1}T$.

Soit $V = zT$: la supposition $z = e^t$ donnant $D_a z = e^t D_a t = z D_a t$, la proposée se réduira à $D_a t = T$, d'où il résulte

$$t = S_a T + \phi(y-ax),$$

T exprimant une fonction des deux variables indépendantes;

donc
$$z = e^{S_a T}\phi(y-ax).$$

Dans le cas particulier de $T = \alpha$. il viendra

$$z = e^{\alpha x}\phi(y-ax).$$

Soit encore $V = z^n T$; on posera $t = \frac{1}{1-n} z^{1-n}$, d'où l'on tire

$$D_a t = z^{-n} D_a z. \quad D_a z = z^n D_a t,$$

ce qui reduira la proposée à celle ci

$$D_a t = T;$$

donc $$t = S_a T + \phi(y-ax),$$

partant $$z^{1-n} = (1-n)\, S_a T + \phi(y-ax).$$

Supposons plus généralement $V = \psi(z)T$, T indiquant toujours une fonction des deux variables y, x. En faisant $t = \int \frac{dz}{\psi(z)}$, on en déduira

$$D_a t = \frac{D_a z}{\psi(z)}. \quad D_a z = \psi(z)\, D_a t.$$

$$D_a t = T. \quad t = S_a T + \phi(y-ax) = \int \frac{dz}{\psi(z)},$$

ce qui établit une rélation entre les trois variables et la fonction arbitraire.

8. Considérons maintenant l'équation du premier ordre et dela seconde classe

$$P\partial_x z + Q\partial_y z - R = 0; \tag{19}$$

où P, Q, R, représentent des fonctions des deux variables x, y.

Pour faciliter la recherche de son intégrale, supposons d'abord $R=0$, de sorte que nous aurons à traiter l'équation plus simple

$$P\partial_x z + Q\partial_y z = 0. \tag{20}$$

laquelle nous servira ensuite à obtenir l'intégrale de l'équation (19). En la mettant sous la forme

$$\frac{dz}{Qdx} + \frac{dz}{Pdx} = 0,$$

et posant ensuite $\int Q dx = u$, $\int P dy = t$, les nouvelles variables seront encore des fonctions de x, y; et l'on aura, au lieu de l'équation proposée, celle ci

$$\frac{dz}{du} + \frac{dz}{dt} = 0,$$

qui rentre dans la première classe, et dont l'intégrale est

$$z = \phi(t - u).$$

Donc, chaque fois que la différence $P dy - Q dx$, représente une différentielle exacte dU, on aura $t - u = \int (P dy - Q dx) = U$

et $$z = \phi(U).$$

Dans le cas contraire, on pourra toujours multiplier chaque terme de l'expression différentielle par un facteur μ, propre à rendre intégrable l'équation

$$P\mu dy - Q\mu dx = 0.$$

Si donc U représente cette intégrale, on aura encore $z = \phi(U)$; ce qui est conforme à la méthode ordinaire.

Lorsque $P = \phi(y)$ et $Q = \psi(x)$, il viendra, en posant $\int P dy = P'$, $\int Q dx = Q'$,

$$z = \phi(P' - Q'),$$

Soit, par exemple, à intégrer l'équation

$$y \partial_x z - x \partial_y z = 0;$$

on aura $P' = \frac{1}{2} y^2$, $Q' = -\frac{1}{2} x^2$; donc $z = \phi(x^2 + y^2)$.

Lorsque $P = \phi(x)$, et $Q = \psi(y)$, on fera $\int \frac{dx}{P} = P'$, $\int \frac{dy}{Q} = Q'$, la proposée devenant alors

$$\frac{dz}{dP'} + \frac{dz}{dQ'} = 0,$$

il en résultera encore

$$z = \varphi(P' - Q').$$

Prenons pour exemple l'équation

$$x\partial_x z + y\partial_y z = 0,$$

elle donnera $P' = \log x$, $Q' = \log y$, et par conséquent

$$z = \varphi(\log x - \log y) = \varphi(\log \frac{x}{y}) = \varphi(\frac{x}{y}).$$

9. Si, pour simplifier, on écrit p au lieu de $\frac{Q}{P}$; l'équation (20) se réduira à celle ci

$$\partial_x z + p\partial_y z = 0,$$

où p exprimera en général une fonction de x, y, Désignons par la caractéristique D_p, l'opération $\partial_x + p\partial_y$ à effectuer sur la fonction z, et soit u l'intégrale de la fonction différentielle $dy - pdx$, multipliée au besoin par un facteur μ, que l'on peut toujours regarder comme compris dans les fonctions P et Q; il est manifeste, d'après ce qui précède, que l'équation

$$D_p z = 0,$$

aura pour intégrale $\qquad z = \varphi(u).$

Soit à présent $\qquad z = P\,\varphi(u),$

P exprimant une fonction des deux variables x, y; on en déduira pareillement, en la différentiant par rapport à D_p, les équations

$$\left.\begin{aligned} D_p z &= D_p P.\,\varphi(u) \\ D_p^n z &= D_p^n P.\,\varphi(u) \end{aligned}\right\} \quad (21)$$

De même, en désignant par S_p l'opération inverse de D_p, on trouvera

$$\left.\begin{aligned} S_p z &= S_p P.\,\varphi(u) \\ S_p^n z &= S_p^n P.\,\varphi(u) \end{aligned}\right\} \quad (22)$$

Lorsque P est fonction seulement de x, les équations précédentes se réduisent aux suivantes

$$D_p z = \frac{dP}{dx}\varphi(u). \qquad D_p^n z = \frac{d^nP}{dx^n}\varphi(u) \qquad (23)$$

$$S_p z = \int P dx.\varphi(u). \qquad S_p^n z = {}^n\!\int P dx^n.\varphi(u). \qquad (24)$$

En supposant P fonction seulement de y, la première des équations (21) donnera

$$D_p z = p\frac{dP}{dy}\varphi(u). \qquad (25)$$

Mais ici les différentiations ou dérivations successives donneront lieu à des expressions de plus en plus compliquées, à cause dela fonction p à deux variables qui y entre comme facteur. On tire de l'équation (25) en y remplaçant $\frac{dP}{dy}$ par P', et à cause de $z = P\varphi(u)$.

$$S_p\,(p\,P'\varphi(u)) = \int P'dy\,\varphi(u). \qquad (26)$$

L'équation $\qquad D_p^n z = 0,$

ayant pour intégrale premiere

$$D_p^{n-1} z = \varphi(u),$$

son intégrale seconde sera, en vertu des équations (24)

$$D_p^{n-2} z = x\,\varphi(u) + \varphi'(u).$$

Et en continuant de la sorte, on en déduira

$$D_p^{n-3} z = x^2\,\varphi(u) + x\varphi'(u) + \varphi''(u)$$

et en général

$$z = x^{n-1}\varphi(u) + x^{n-2}\varphi'(u) \ldots + x\,\varphi^{(n-2)}(u) + \varphi^{(n-1)}(u),$$

expression composée de n fonctions arbitraires de u, et qu'il faudra ajouter au second membre de l'équation

$$S_p^n z = S_p^n P\, \varphi(u),$$

pour obtenir la valeur complète de $S_p^n z$; ce qui coincide avec ce qui a déjà été observé ci dessus (n.° 4), pour le cas où p désigne une constante.

10. Reprenons à présent l'équation générale du premier ordre

$$P\partial_x z + Q\partial_y z = R.$$

On pourra lui donner la forme simplifiée

$$D_p z = M$$

en posant $\frac{Q}{P} = p$, $\frac{R}{P} = M$; et il en résultera

$$z = S_p M + \varphi(u)$$

u étant toujours l'intégrale dela fonction $dy - pdx$ (n.° 8).

Il s'agira maintenant d'obtenir la valeur de $S_p M$, quelle que soit la composition dela fonction M en x et y. Pour cela, concevons cette quantité développée en une série dont le terme général soit $X\varphi(u)$, X étant fonction de x seulement. Or, puisque $S_p X\varphi(u) = \int X dx.\ \varphi(u)$, il est évident que toute l'opération reviendra à éliminer d'abord la variable y, à l'aide de l'équation $u = f(x, y)$, et à intégrer ensuite la différentielle $M dx = \psi(x, u) dx$, en y considérant u comme une constante, que l'on remplacera, après l'intégration, par son expression en x et y. On voit que ce procédé est entièrement analogue à celui indiqué au n.° 5, lorsque p est une constante. Voici quelques applications :

1.° Soit d'abord l'équation

$$x\partial_x z + y\partial_y z = n\sqrt{(x^2 + y^2)}.$$

Elle donne $p = \frac{y}{x}$. $M = n\sqrt{(1 + \frac{y^2}{x^2})}$.

En intégrant l'équation $dy - \frac{y}{x} dx = 0$, on en déduit $u = \frac{y}{x}$;

donc $M = n\sqrt{1+u^2}$. $\int M dx = nx\sqrt{1+u^2} = n\sqrt{x^2+y^2}$

$$z = n\sqrt{(x^2+y^2)} + \phi(\tfrac{y}{x}).$$

2.° Soit l'équation

$$y\partial_x z - x\partial_y z = x^2 - y^2;$$

on aura $p = -\frac{x}{y}$, $M = \frac{x^2-y^2}{y}$, $ydy + xdx = 0$; donc $u = x^2+y^2$

$$\int M dx = \int \frac{2x^2-u}{\sqrt{(u-x^2)}}\, dx = -x\sqrt{(u-x^2)} = -xy$$

$$z = -xy + \phi(x^2+y^2).$$

3.° L'équation

$$x\partial_x z + y\partial_y z = ax^2 + bxy + cy^2,$$

donne $p = \frac{y}{x}$. $u = \frac{y}{x}$. $M = ax + by + c\frac{y^2}{x}$

$$\int M dx = \int (a + bu + cu^2)\, x dx = \frac{1}{2}(a + bu + cu^2)\, x^2,$$

donc $$z = \frac{1}{2}(ax^2 + bxy + cy^2) + \phi(\tfrac{y}{x}).$$

Si la fonction M ne contenait que la variable x, il est evident que la valeur de l'intégrale complète serait donnée immédiatement par l'équation

$$z = \int M dx + \phi(u).$$

Dans le cas particulier où $R = QY$, Y étant fonction de y seulement, on aurait $D_p z = pY$, donc $z = \int Y dy + \phi(u)$, en vertu de l'équation (26).

Remarquons encore que le second procédé d'intégration exposé au n.° 6, devient également applicable au cas général qui nous occupe. En effet, on peut facilement s'assurer que les formules (14) à (18) ne cessent pas d'être exactes, en y remplaçant la constante a par la variable p, et que celles (10), (11) deviendront alors

$$S_pXY = X'Y - S_p(pX'\partial Y) \tag{27}$$

$$S_ppXY = XY' - S_p(Y'\partial X). \tag{28}$$

Par conséquent, en effectuant le développement dela fonction M, suivant les produits XY, ou pXY, les deux formules précédentes fourniront toujours des moyens plus expéditifs pour évaluer S_pM, que la méthode d'élimination indiquée ci-dessus.

On tire encore de ces mêmes formules

$$S_pY = xY - S_p(px\partial Y) \tag{29}$$

$$S_ppX = yX - S_p(y\partial X). \tag{30}$$

L'application des formules (27) à (30) à des fonctions données n'offrant aucune difficulté, nous n'entrerons pas dans des détails à ce sujet.

11. Il nous reste maintenant à traiter l'équation

$$P\partial_x z + Q\partial_y z = R$$

en y supposant P, Q, R, fonctions des trois variables à la fois.

Observons d'abord que si le terme R se réduit à zéro, l'équation

$$P\partial_x z + Q\partial_y z = 0,$$

ou ce qui revient au même, celle ci

$$\partial_x z + p\partial_y z = D_p z = 0,$$

s'intégrera absolument dela même manière que si la variable z contenue dans la fonction p, fut remplacée par une quantité constante, c'est-à-dire, qu'en désignant par $u=0$, l'intégrale de l'équation $dy-pdx=0$, prise dans l'hypothèse de z constant, la proposée aura encore pour intégrale complète, $z=\varphi(u)=\varphi(x, y, z)$. Pour s'en convaincre, on n'a qu'à supposer la fonction $\varphi(u)$ développée en une série dont le terme général soit $z^n\psi(x, y)$. Or, puisque $D_pz=0$, il est évident qu'on aura, en vertu des équations (14), (16), $D_p z^n \psi(x, y) = z^n D_p \psi(x, y)$; d'où l'on voit qu'en effectuant l'opération D_p sur la fonction $\psi(u)$, la variable z s'y comporte comme une quantité constante, ce qui prouve la justesse du procédé d'intégration dont il s'agit. Pour en donner un seul exemple, soit l'équation

$$(y - bz)\,\partial_x z - (x - az)\,\partial_y z = 0,$$

qui donne $p = -\frac{x-az}{y-bz}$; la quantité $2(y-bz)dy + 2(x-az)dx$, étant la différentielle complète de $x^2+y^2 - 2(ax+by)z = u$, il en résultera

$$z = \varphi\{x^2 + y^2 - 2(ax + by)z\};$$

expression que l'on pourra écrire encore sous la forme suivante

$$x^2 + y^2 - 2(ax + by)z = \varphi(z);$$

ou bien $\quad (x-az)^2 + (y-bz)^2 = \varphi(z) + (a^2+b^2)z^2 = \psi(z).$

Cette dernière intégrale s'obtient directement, en posant dans l'équation donnée, $x-az = x'$, $y-bz = y'$, ce qui la changera en

$$y'\partial_{x'}z - x'\partial_{y'}z = 0;$$

d'où $$z = \varphi(x'^2+y'^2).$$

12. Dans le cas général que nous traitons ici, l'intégration de l'équation

$$P\partial_x z + Q\partial_y z = R,$$

présente quelquefois de grandes difficultés qui la rendent impossible à effectuer. L'illustre *Lagrange* qui s'est occupé à plusieurs reprises de cette intégration générale, l'a fait dependre de celle d'une équatiou différentielle du second ordre, qui s'obtient en éliminant une des variables avec ses différentielles, de trois équations différentielles. Nous allons indiquer une classe assez étendue d'équations susceptibles d'être intégrées d'une manière beaucoup plus simple, que par les procédés employés jusqu'ici.

Supposons en premier lieu que les fonctions P, Q, R soient liées entre elles par l'équation

$$\alpha P + \beta Q + \gamma R = 0,$$

α, β, γ étant des facteurs constans. L'intégration deviendra très facile dans ce cas. En effet, la proposée se réduisant alors à

$$\partial_x z + \frac{Q}{P}\partial_y z = -\frac{\alpha}{\gamma} - \frac{\beta}{\gamma}\frac{Q}{P},$$

ou bien à $$D_p z = -\frac{1}{\gamma}(\alpha + \beta p),$$

il en résultera, à cause de $S_p p = y$

$$z = -\left(\frac{\alpha x + \beta y}{\gamma}\right) + \phi(u).$$

Soit l'équation de ce genre

$$(y - bz)\partial_x z - (x - az)\partial_y z = bx - ay,$$

elle donne $\alpha = a.$ $\beta = b.$ $\gamma = 1.$ $(y - bz)dy + (x - az)dx = 0;$

donc $$z + ax + by = \phi(y^2 + x^2 - 2(ax + by)z)$$

en vertu de ce qui a déjà été trouvé au n.° précédent.

Si les fonctions P, Q, R présentent la rélation

$$R = Py + Qx,$$

la proposée devenant

$$D_p z = y + px = D_p xy,$$

on aura $$z = xy + \phi(u).$$

Soit $$R = \frac{Qx - Py}{x^2},$$

il viendra $$D_p z = \frac{px - y}{x^2} = D_p\left(\frac{y}{x}\right),$$

donc $$z = \frac{y}{x} + \phi(u).$$

Supposons plus généralement que l'on ait la rélation

$$R = PY\partial X + QX\partial Y,$$

X, Y étant respectivement des fonctions de x et de y; l'équation à intégrer se réduira à

$$D_p z = Y\partial X + pX\partial Y = D_p XY;$$

d'où $$z = XY + \phi(u).$$

Soit encore $$R = z(P + aQ)$$

on en déduirait $$D_p z = z(1 + ap),$$

ou bien $$\frac{D_p z}{z} = D_p \log z = D_p(x + ay),$$

par conséquent $$\log z = x + ay + \phi(u),$$

$$z = e^{x+ay}\,\phi(u).$$

Si l'on a $$R = az\,(\frac{P+Q}{x+y}),$$

il viendra $$D_p z = az\,(\frac{1+p}{x+y});$$

donc $$\log z = a \log(x + y) + \phi(u),$$

$$z = (x + y)^a\,\phi(u).$$

Soit enfin $$R = \psi(z)\,\{PY\partial X + QX\partial Y\}.$$

Posons $\int\frac{dz}{\psi(z)} = Z$, ce qui donne $\frac{D_p z}{\psi(z)} = D_p Z$; d'où l'on tirera

$$Z = XY + \phi(u).$$

On voit par là qu'on peut assigner un grand nombre d'équations dont l'intégration s'effectuera sans difficulté, dès qu'on a trouvé la fonction $u = 0$, intégrale de l'équation $Pdy - Qdx = 0$.

Il est évident d'ailleurs, quelle que soit la composition des fonctions P, Q, R, qu'il sera toujours possible en général d'établir une rélation entre ces quantités et les trois variables, et que la difficulté de l'intégration dependra seulement dela nature de celle rélation.

En appliquant les remarques précédentes aux équations dont les coefficiens P, Q, et le terme R ne contiennent point la variable z, on pourra très souvent faciliter leur intégration, surtout lorsque la quantité u se compose d'une fonction transcendante des deux variables indépendantes, ce qui rend impraticable l'élimination de y, exigée par le procédé exposé au n.° 10. L'équation

$$(xy + x)\,\partial_x z - (xy + y)\,\partial_y z = xy^2 - x^2 y$$

rentre dans ce cas. En effet, en intégrant l'équation différentielle

$$(xy + x)\,dy + (xy + y)\,dx = 0,$$

qui revient à $$xy(dx + dy) + d.\,xy = 0;$$

on en déduira $$u = x + y + \log xy.$$

Or, il est visible que la proposée fournit la rélation déjà indiquée ci-dessus

$$R = Py + Qx.$$

Par consequent, on trouvera immédiatement pour son intégrale complète

$$z = xy + \varphi(x + y + \log xy).$$

13. Outre les équations que nous venons d'indiquer, il en existe d'autres qui admettent à la fois deux rélations différentes entre les fonctions P, Q, R, dont chacune sera propre à fournir une valeur particulière de l'intégrale. Ces équations présentent une classe assez remarquable, en ce qu'elles dispensent de la recherche de la fonction u, ainsi qu'on va le voir par les exemples suivans.

Soit donnée l'équation

$$(x^2 + xy - 2z^2)\partial_x z + (2z^2 - xy - y^2)\partial_y z = z(y - x).$$

On observera sans peine qu'elle fournit les deux rélations suivantes:

$$1.^\circ \qquad (P+Q)z+R(x+y)=0,$$

$$2.^\circ \qquad Py+Qx+2Rz=0.$$

En employant la première, l'équation à intégrer se transforme en

$$D_p z+z\left(\frac{1+p}{x+y}\right)=0$$

qui revient à $\qquad D_p \log z+D_p \log(x+y)=0,$

d'où il suit $\qquad \log z+\log(x+y)=\phi(u);$

ou bien $\qquad z(x+y)=\phi(u),$

en changeant convenablement la fonction arbitraire.

La seconde des deux rélations réduit la proposée à

$$D_p z+\frac{y+px}{2z}=0,$$

d'où l'on tire $\qquad D_p z^2+D_p.\, xy=0,$

donc $\qquad z^2+xy=\phi(u).$

Ces deux intégrales complètes donneront évidemment une troisième

$$z^2+xy=\phi(z(x+y)).$$

L'équation $\qquad (y-bz)\partial_x z-(x-az)\partial_y z=bx-ay,$

déjà traitée au n.° 12, présente outre la rélation

$$aP+bQ+R=0,$$

encore celle ci $\qquad Px+Qy+Rz=0.$

La première nous a donné

$$z+ax+by=\phi(u).$$

Il résulte de la seconde

$$D_p z + \frac{x+py}{z} = 0;$$

d'où $$D_p z^2 + D_p (x^2 + y^2) = 0,$$

donc $$z^2 + x^2 + y^2 = \varphi(u).$$

Ces deux intégrales, conduiront à

$$z + ax + by = \phi(x^2 + y^2 + z^2)$$

ce qui s'accorde avec le résultat donné par M. *Lacroix*. (Voyez Tom. II. pag. 535.)

En général on peut conclure de ce qui précède, que si l'équation

$$P\partial_x z + Q\partial_y z = R,$$

est satisfaite par deux intégrales particulières

$$z = U, \quad z = T,$$

celles ci fourniront immédiatement l'intégrale complète

$$z - U = \varphi(z - T),$$

ou bien $$z - T = \varphi(T - U).$$

En effet puisqu'on a

$$z = U + \varphi(u), \quad \text{et } z = T + \psi(u),$$

il en résultera $$u = \varphi_1(z - U), \quad \text{et } u = \psi_1(z - T),$$

par conséquent $$z - U = \phi(z - T),$$

le signe ϕ indiquant toujours une fonction arbitraire dela quantité qu'il affecte.

14. Lorsque les fonctions Q, R ne contiennent que les variables y, z, P étant fonction des trois variables à la fois, l'intégration pourra s'effectuer de la manière suivante.

Soit $$Rdy - Qdz = \mu dT,$$

$\frac{1}{\mu}$ indiquant le facteur qui doit multiplier le premier membre de cette cette équation pour le rendre une différentielle exacte; on aura alors

$$P\partial_x z = \mu\partial_y T.$$

Or, à cause que T représente une fonction des variables y, z, on pourra en tirer $z = \psi(T, y)$, et éliminer ensuite la variable z ainsi que son coefficient différentiel $\partial_x z$, de l'équation que nous venons d'obtenir, ce qui changera celle ci en

$$P\,\psi'(T, y)\partial_x T - \mu\partial_y T = o,$$

qu'on peut écrire encore sous la forme

$$\partial_x T - U\partial_y T = o,$$

où U représente en général une fonction des trois variables x, y, T. Si maintenant l'on intègre cette dernière équation, en y considérant T comme une constante dans le coefficient U (n.° 11), on en déduira

$$T = \varphi(x, y, T).$$

On remplacera ensuite la quantité T, par son expression en y, z, ce qui fournira une rélation fonctionnelle entre les variables x, y, z.

Il se peut aussi que les fonctions P, R, ne contiennent que x et z, Q étant fonction des trois variables; dans ce cas on posera

$$Rdx - Pdz = \mu dS$$

donc $$Q\partial_y z = \mu\partial_x S,$$

d'où l'on tirera, ainsi que ci-dessus

$$\partial_y S - U\partial_x S = o;$$

U désignant une fonction des trois variables x, y, S.

Cette dernière équation donnera

$$S = \varphi(x, y, S),$$

et ensuite une rélation fonctionnelle entre les trois variables.

Appliquons cette méthode à un exemple particulier. Soit l'équation

$$x\partial_x z - z\partial_y z = y,$$

qui rentre dans le premier des deux cas précédens.

Il viendra $$T = y^2 + z^2, \quad z = \sqrt{(T - y^2)}$$

$$2x\partial_x z = x\frac{1}{\sqrt{(T-y^2)}}\partial_x T = \partial_y T.$$

L'équation à intégrer sera réduite à

$$x\partial_x T + \sqrt{(T - y^2)}\partial_y T = 0.$$

La fonction u se déterminera à l'aide de l'équation différentielle

$$x\mathrm{d}y - \sqrt{(T - y^2)}\,\mathrm{d}x = 0,$$

qui étant mise sous la forme

$$\frac{\mathrm{d}x}{x} - \frac{\mathrm{d}y}{\sqrt{(T-y^2)}} = 0,$$

donnera $$u = \log x + \text{arc}\left(\cos = \frac{y}{\sqrt{T}}\right),$$

donc $$T = \phi(u) = \phi\left(xe^{\text{arc}\cos = \frac{y}{\sqrt{T}}}\right),$$

ou bien l'intégrale cherchée sera, après avoir éliminé la quantité T

$$xe^{\text{arc}\cos = \frac{y}{\sqrt{y^2+z^2}}} = \phi(y^2 + z^2).$$

Si, pour abréger, l'on fait $y = t\cos\omega$, et $z = t\sin\omega$, cette intégrale prendra la forme simplifiée

$$xe^{\omega} = \phi(t), \quad \text{ou } t = \phi(xe^{\omega}).$$

15. Voici encore quelques cas d'intégration qui se rapportent aux équations où le terme R seul contient les trois variables à la fois, les coefficiens P, Q, étant des fonctions de x et y.

Soit d'abord $R = PXz$, on aura à intégrer l'équation

$$D_p z = Xz,$$

c'est-à-dire $$D_p \log z = X,$$

donc $$\log z = \int X dx + \phi(u)$$

$$z = e^{\int X dx} \phi(u).$$

Soit encore $R = QYz$, la proposée se réduira à

$$D_p \log z = pY,$$

donc $$\log z = \int Y dy + \phi(u)$$

$$z = e^{\int Y dy} \phi(u).$$

Telle est l'équation $$\partial_x z + ay\partial_y z = y^a z;$$

d'où l'on tire sur le champ, à cause de $Y = \frac{1}{a} y^{a-1}$,

$$z = e^{\frac{y^a}{a^2}} \phi(u);$$

la fonction u étant donnée par l'équation $ay dx - dy = 0$, d'où il suit $u = \log\left(\frac{e^{ax}}{y}\right)$, par conséquent

$$z = e^{\frac{y^a}{a^2}} \phi\left(\frac{e^{ax}}{y}\right).$$

Si l'on a $R = T\psi(z)$, T contenant x et y seulement, on trouvera en posant $\int \frac{dz}{\psi(z)} = Z$, et $\frac{T}{P} = t$

$$Z = S_p t + \phi(u).$$

Quant à l'évaluation du terme $S_p t$, fonction de x et y, on pourra toujours y appliquer un des trois procédés précédemment indiqués, et dont le choix dépendra dela nature dela fonction t. (n.° 10 et 12.)

Supposons plus généralement R une fonction quelconque de x, y et z. Après avoir divisé l'équation différentielle par P, elle prendra la forme

$$D_p z = \frac{R}{P} = M.$$

Cherchons la fonction u, et éliminons du second terme M la variable y, à l'aide dela rélation obtenue entre les trois variables x, y et u. Il en résultera pour la quantité M une fonction de x, z, u, où cette dernière variable devra être considérée comme une constante rélativement à l'opération désignée par la caractéristique D_p. La composition dela fonction M pourra alors présenter deux cas distincts. En premier lieu, si elle contient un facteur X qui soit fonction de x seulement, l'autre facteur Z ne contenant que z et u, on mettra l'équation à intégrer sous la forme

$$\frac{D_p z}{Z} = X,$$

d'où l'on déduit de suite

$$\int \frac{dz}{Z} = \int X dx + \varphi(u),$$

pour l'intégrale complète dela proposée.

En second lieu, si la séparation des variables x et z, ne devient pas possible dans la fonction M, on intégrera l'équation

$$D_p z - M = 0$$

dela même manière que l'équation à deux variables

$$dz - M\,dx = 0,$$

en y considérant la variable u contenue dans M comme une constante. Après avoir effectué cette intégration, on éliminera la variable u, et il ne restera qu'une fonction de x, y, z, qu'on égalera à $\Phi(u)$. En effet, puisque z pourra être regardé comme une fonction des variables indépendantes x, u, on aura

$$dz = \partial_x z\, dx + \partial_u z\, du.$$

Or, puisque $\mathrm{d}u = \mu\,(\mathrm{d}y - p\mathrm{d}x)$, on déduira facilement de l'équation précédente, pour les valeurs des coefficiens différentiels partiels pris par rapport à x et y.

$$\partial_x z = \partial_x z - p\mu\partial_u z. \qquad \partial_y z = \mu\partial_u z.$$

Par conséquent $D_p z = \partial_x z + p\partial_y z = \partial_x z$, ce qui change l'équation à intégrer en

$$\partial_x z - M = 0, \text{ ou bien } \mathrm{d}z - M\mathrm{d}x = 0,$$

dont l'intégrale devra évidemment être complétée par une fonction arbitraire de la seconde variable u.

Lorsque le terme R ne renferme pas la variable z, l'intégrale cherchée se réduira à

$$z = \int M'\mathrm{d}x + \varphi(u),$$

résultat qui rentre dans le cas particulier déjà traité au n.° 10.

Les deux exemples suivans pourront éclaircir le procédé applicable à chacun des deux cas que nous venons de distinguer.

Soit à intégrer l'équation

$$x\partial_x z + y\partial_y z = 2x^2 z + y^2 z^2.$$

Elle donnera $p = \frac{y}{x}$, $u = \frac{y}{x}$; donc $y = ux$. Éliminant y du second terme de la proposée, celle ci deviendra

$$D_p z = 2xz + xu^2z^2 = x(2z + u^2z^2);$$

d'où

$$\frac{D_p z}{2z + u^2z^2} = x.$$

ou bien

$$\int \frac{2\mathrm{d}z}{2z + u^2z^2} = \log\left(\frac{u^2z}{u^2z + 2}\right) = x^2 + \varphi(u);$$

donc, en y remplaçant u par sa valeur $\frac{y}{x}$, cette intégrale se changera en

$$\frac{2x^2 + y^2z}{y^2z} = e^{-x^2}\varphi\left(\frac{y}{x}\right), \text{ d'où il suit } z = \frac{2x^2}{y^2\left\{e^{-x^2}\varphi\left(\frac{y}{x}\right) - 1\right\}}.$$

Soit encore l'équation

$$(x^4+2x^2yz)\partial_x z+(x^3y+2xy^2z)\partial_y z+xz(2x^2+yz)=0,$$

qui se réduit à

$$\partial_x z+\frac{y}{x}\partial_y z+\frac{2x^2z+yz^2}{x^3+2xyz}=0;$$

ou bien à

$$\mathrm{D}_p z+\frac{2xz+uz^2}{x^2+2xuz}=0.$$

Les variables x et z ne pouvant être séparées ici, il faudra intégrer l'équation différentielle

$$(x^2+2xuz)\mathrm{d}z+(2xz+uz^2)\mathrm{d}x=0,$$

d'où l'on tire

$$x^2z+yz^2=\varphi\left(\frac{y}{x}\right).$$

pour l'intégrale complète de la proposée.

Il est assez évident que le succès de cette méthode depend principalement de la possibilité d'exprimer la variable y en fonction de x et u, afin de pouvoir en effectuer l'élimination dans la quantité M.

§2. *Equations différentielles du second ordre.*

16. Après avoir traité les différens cas que peut présenter l'intégration des équations linéaires du premier ordre, nous pourrons maintenant nous élever à l'intégration de celles du second ordre. Nous discuterons en premier lieu le cas où les divers termes de la proposée sont multipliés par des constantes, ce qui forme la première des deux classes établies au n.° 2.

L'équation fondamentale

$$\mathrm{D}_a z=\partial_x z+a\partial_y z=(\partial_x+a\partial_y)z.$$

étant différentiée par rapport à la caractéristique $\mathrm{D}_{a'}=\partial_x+a'\partial_y$, on en déduira d'après la théorie des caractéristiques, l'équation du second ordre

$$D_{a'} D_a z = D_a D_{a'} z = [(\partial_x + a\partial_y)(\partial_x + a'\partial_y)] z,$$

ou bien, en développant la caractéristique composée qui affecte la variable z dans le second membre,

$$D_{a'} D_a z = \partial_x^2 z + (a + a') \partial_x \partial_y z + aa' \partial_y^2 z.$$

Celle ci nous fournira immédiatement le moyen d'obtenir l'intégrale complète de l'équation

$$\partial_x^2 z + A\partial_x \partial_y z + B\partial_y^2 z = 0. \qquad (31)$$

En effet, en désignant par a, a', les racines de l'équation du second degré

$$m^2 - Am + B = 0,$$

ce qui donnera $a + a' = A, \quad aa' = B,$

la proposée pourra s'énoncer sous la forme simplifiée

$$D_a D_{a'} z = 0; \qquad (32)$$

d'où l'on déduira les deux intégrales premières

$$D_a z = 0, \qquad D_{a'} z = 0,$$

et par suite les valeurs particulières

$$z = \phi(y - ax), \qquad z = \phi'(y - a'x),$$

dont la somme représentera la valeur complète de z, ou de l'intégrale seconde. Ceci se prouve d'ailleurs directement en intégrant l'équation (32) d'abord par rapport à D_a, ce qui nous donnera

$$D_{a'} z = \phi(y - ax),$$

et par une seconde intégration rélative à $D_{a'}$, il viendra

$$z = S_{a'} \phi(y - ax) + \phi'_{\prime}(y - a'x).$$

Or, si l'on observe que

$$D_{a'}\varphi(y-ax)=(a'-a)\partial.\varphi(y-ax)=\psi(y-ax), \quad (33)$$

la valeur précédente se réduira évidemment à

$$z=\varphi(y-ax)+\varphi'(y-a'x) \quad (34)$$

φ, φ' indiquant deux fonctions arbitraires.

Dans le cas particulier où l'on a $a'=-a$, donc $A=0$, et $B=-a^2$, l'expression

$$z=\varphi(y+ax)+\psi(y-ax),$$

représentera l'intégrale complète de l'équation

$$\partial_x^2 z-a^2\partial_y^2 z=0,$$

connue dans la théorie du mouvement des cordes vibrantes, et dont le célèbre d'*Alembert* s'est occupé le premier.

Lorsque les deux racines a, a' sont égales, ce qui suppose $A^2=4B$, la proposée se présente sous la forme

$$D_a^2 z=0.$$

Mais l'équation (34) ne donnant alors qu'une seule fonction arbitraire, on aura recours à la formule (7) qui exprime la valeur complète de z, satisfaisant à l'équation $D_a^n z=0$; il viendra dans ce cas

$$z=\varphi(y-ax)+x\varphi_1(y-ax).$$

Si l'équation (31) contient dans son second membre un terme V fonction des deux variables indépendantes, elle prendra la forme

$$D_a D_{a'} z=V,$$

et fournira immédiatement l'intégrale première

$$D_{a'} z=S_a V+\varphi(y-ax).$$

Posons $S_a V=V'$. Cette dernière quantité pouvant toujours évaluer à l'aide d'un des procédés exposés au § précédent, on obtiendra, en effectuant une seconde intégration par rapport à $D_{a'}$,

$$z = S_{a'} V' + \phi' (y - a'x)$$

Il est bon d'observer que la proposée donne en outre pour intégrale première

$$D_a z = S_{a'} V + \phi'(y - a'x).$$

Soit par exemple l'équation

$$\partial_x^2 z + 2\alpha \partial_x \partial_y z + (\alpha^2 - \beta^2) \partial_x^2 z = xy;$$

on trouvera pour les deux racines, $a = \alpha + \beta$, $a' = \alpha - \beta$.

Or, d'après ce qui a été trouvé au n°. 6, on aura

$$V' = S_a\, xy = \frac{x^2 y}{2} - \frac{ax^3}{6};$$

donc, en vertu de la formule (27)

$$S_{a'} V' = S_{a'} S_a\, xy = S_{a'} \frac{x^2 y}{2} - S_{a'} \frac{ax^3}{6} = \frac{1}{6} x^3 y - \frac{1}{24} (a + a') x^4;$$

partant

$$z = \frac{1}{6} x^3 y - \frac{\alpha}{12} x^4 + \phi(y - (\alpha + \beta) x) + \phi'(y - (\alpha - \beta) x).$$

Il sera inutile d'appliquer notre méthode à d'autres exemples, toute l'opération se reduisant, comme on vient de le voir, à évaluer la double intégrale

$$S_{a'} S_a V = S_{a'} V'.$$

17. L'équation du second ordre que nous venons d'intégrer n'est qu'un cas particulier de celles qui contiennent en même tems la fonction z, avec ses coefficiens différentiels du premièr ordre, et qui sont comprises dans la forme générale

$$\partial_x^2 z + A \partial_x \partial_y z + B \partial_y^2 z + C \partial_x z + D \partial_y z + E z = V. \qquad (35)$$

Pour parvenir à l'intégrale complète de cette équation, on effectuera d'abord la transformation suivante. En désignant comme ci-dessus par a, a', les racines de l'équation $m^2 - Am + B = 0$, les trois premiers termes dela proposée se réduiront à l'expression $D_a . D_{a'} z$. De plus les rélations

$$D_a z = \partial_x z + a\partial_y z$$

$$D_{a'} z = \partial_x z + a'\partial_y z,$$

conduiront à

$$\partial_x z = \frac{1}{a' - a}\left\{ a' D_a z - a D_{a'} z \right\}$$

$$\partial_y z = \frac{1}{a' - a}\left\{ D_{a'} z - D_a z \right\}. \tag{36}$$

Substituant ces valeurs des deux coefficiens différentiels dans l'équation (35), celle ci deviendra

$$D_a D_{a'} z + n' D_a z + n D_{a'} z + Ez = V,$$

en posant pour abréger

$$\frac{Ca - D}{a - a'} = n. \qquad \frac{Ca' - D}{a' - a} = n' \tag{37}$$

d'où il suit $\qquad n + n' = C.$

La transformée pourra s'énoncer encore dela manière suivante

$$[(D_a + n)(D_{a'} + n')]z + (E - nn')z = V. \tag{38}$$

Considérons séparement l'équation du second ordre

$$(D_a + n)(D_{a'} + n')z = 0$$

où la quantité renfermée dans chaque parenthèse représente une nouvelle caractéristique d'opération; il est évident qu'on en déduira les deux intégrales premières

$$D_a z + nz = 0, \qquad D_{a'} z + n'z = 0.$$

ou bien $\qquad \frac{D_a z}{z} = -n, \quad \frac{D_{a'} z}{z} = -n',$

qui donneront respectivement pour valeurs particulières de l'intégrale seconde (n.° 7).

$$z = e^{-nx}\,\phi(y-ax), \quad z = e^{-n'x}\,\psi(y-a'x).$$

Donc la valeur complète de cette intégrale sera exprimée par

$$z = e^{-nx}\,\phi(y-ax) + e^{-n'x}\,\psi(y-a'x). \tag{39}$$

Observons maintenant que l'équation (38) ne pourra jamais admettre une intégrale première, à moins que le terme $(E-nn')z$, ne disparaîsse de son premier membre. Pour s'en convaincre, il suffit de considérer cette équation comme le résultat d'une opération effectuée sur une équation du premier ordre

$$\partial_x z + a\partial_y z + bz = (D_a + b)z = V'.$$

Or, cette opération ne pouvant être représentée plus généralement que par la caractéristique $D_{a'} + b'$, il est clair que ce résultat sera uniquement dela forme

$$(D_a + b)\,(D_{a'} + b'z) = V.$$

L'équation

$$E - nn' = 0, \quad \text{d'où } E = \frac{ACD - BC^2 - D^2}{A^2 - 4B}, \tag{40}$$

en vertu des rélations (37), exprimera par conséquent la condition *d'intégrabilité immédiate*, applicable aux équations du second ordre et à coefficiens constans. Nous supposerons pour le moment que cette condition soit remplie, en nous reservant d'indiquer plus loin les moyens d'obtenir la valeur complète de z, dans le cas où les coefficiens A, B, C, D, E, ne verifient point l'équation (40).

Si pour simplifier nos raisonnemens, on remplace la caractéristique (D_a+n) par $(\overset{n}{D_a})$, l'équation qu'il s'agira d'intégrer se présentera sous la forme abrégée

$$(\overset{n}{D_a}).\,(\overset{n'}{D_{a'}})z = V. \tag{41}$$

A cet effet, posons $z = e^{-nx}t$, on en tirera sans peine

$$(\overset{n}{\mathrm{D}_a})z = e^{-nx}\,\mathrm{D}_a t,$$

et par suite $(\overset{n'}{\mathrm{D}_{a'}})(\overset{n}{\mathrm{D}_a})z = e^{-nx}\{\mathrm{D}_{a'}\,\mathrm{D}_a t + (n'-n)\,\mathrm{D}_a t\} = \mathrm{V},$

ou bien

$$\mathrm{D}_a\,\mathrm{D}_{a'}t + (n'-n)\,\mathrm{D}_a t = \mathrm{V}e^{nx}.$$

Une première intégration par rapport à D_a, nous donnera sur le champ

$$\mathrm{D}_{a'}t + (n'-n)t = \mathrm{S}_a\,\mathrm{V}e^{nx} + \varphi(y-ax).$$

Faisons encore $t = e^{(n-n')x}t'$, l'équation précédente se reduira à

$$e^{(n-n')x}\,\mathrm{D}_{a'}t' = \mathrm{S}_a\,\mathrm{V}e^{nx} + \varphi(y-ax),$$

d'où $\mathrm{D}_{a'}t' = e^{(n'-n)x}\,\mathrm{S}_a\,\mathrm{V}e^{nx} + e^{(n'-n)x}\,\varphi(y-ax),$

par conséquent

$$t' = \mathrm{S}_{a'}[e^{(n'-n)x}\mathrm{S}_a\mathrm{V}e^{nx} + e^{(n'-n)x}\varphi(y-ax)] + \varphi'(y-a'x).$$

Or, en observant que

$$\mathrm{S}_{a'}\,e^{(n'-n)x}\,\varphi(y-ax) = e^{(n'-n)x}\,\psi(y-ax),$$

ce dont il est facile de s'assurer à l'aide des formules (18) et (33), on aura enfin

$$z = e^{-nx}t = e^{-n'x}t' = e^{-n'x}\mathrm{S}_{a'}\,[e^{(n'-n)x}\,\mathrm{S}_a\,\mathrm{V}e^{nx}] + e^{-nx}\,\varphi(y-ax) + e^{-n'x}\,\varphi'(y-a'x) \quad (42)$$

pour l'intégrale complète de l'équation (41). Si l'on fait $\mathrm{V} = 0$, nous retrouverons comme ci-dessus

$$z = e^{-nx}\,\varphi(y-ax) + e^{-n'x}\,\varphi'(y-a\,x),$$

pour l'intégrale complète de l'équation $(\overset{n}{\mathrm{D}_a}).(\overset{n'}{\mathrm{D}_{a'}})\,z = 0.$

On voit par là que l'expression générale (42) se compose d'une valeur particulière

$$z' = e^{-n'x} S_{a'} [e^{(n'-n)x} S_a V e^{nx}],$$

et de la valeur de z satisfaisant à l'équation $(\overset{n}{D}_a).(\overset{n'}{D}_{a'})z = 0$.

Cette valeur particulière est susceptible dela transformation suivante. En effet, d'après la formule (18), (n.° 6), on peut écrire

$$S_{a'} [e^{(n'-n)x} S_a V e^{nx}] = \frac{1}{n'-n} \left\{ e^{(n'-n)x} S_a V e^{nx} - S_{a'} [e^{(n'-n)x} D_{a'} S_a V e^{nx}] \right\}. \quad (43)$$

Et puisque l'équation

$$\partial_y z = \frac{1}{a'-a} (D_{a'} z - D_a z),$$

fournit la rélation caractéristique,

$$D_{a'} = D_a + (a'-a)\partial_y,$$

d'où l'on tire $S_a D_{a'} = D_{a'} S_a = 1 + (a'-a) S_a \partial_y$,

il en résultera $D_{a'} S_a V e^{nx} = V e^{nx} + (a'-a) S_a \partial_y V e^{nx}$,

ce qui change le second membre de l'équation (43) en

$$\frac{1}{n'-n} \left\{ e^{(n'-n)x} S_a V e^{nx} - S_{a'} V e^{n'x} - (a'-a) S_{a'} [e^{(n'-n)x} S_a e^{nx} \partial_y V] \right\}.$$

Par conséquent

$$z' = \frac{1}{n'-n} \left\{ e^{-nx} S_a V e^{nx} - e^{-n'x} S_{a'} V e^{n'x} - (a'-a) e^{-n'x} S_{a'} [e^{(n'-n)x} S_a e^{nx} \partial_y V] \right\}.$$

Sous cette nouvelle forme l'évaluation de z' peut quelque fois être rendue plus facile. Si, par exemple, la fonction V est égale à $y\varphi(x)$, il est évident que l'expression

$$S_{a'} [e^{(n'-n)x} S_a e^{nx} \partial_y V] = S_{a'} [e^{(n'-n)x} S_a e^{nx} \varphi(x)],$$

pourra être remplacée par la double intégrale $\int e^{(n'-n)x} \int e^{nx} \varphi(x)\, dx^2$.

Mais lorsque le terme V est fonction seulement de x, la valeur particulière z' que nous venons d'obtenir, se réduira à l'expression plus simple

$$z' = e^{-n'x}\int e^{(n'-n)x}dx\int Ve^{nx}dx$$
$$= \frac{1}{n'-n}\left\{e^{-nx}\int Ve^{nx}dx - e^{-n'x}\int Ve^{n'x}dx\right\}.$$

Si la proposée ne contient pas le terme Ez dans son premier membre, on aura $n = 0$, ou $n' = 0$, c'est-à-dire, $D = Ca$, ou $D = Ca'$, ce qui donnera, pour le premier cas

$$z = e^{-n'x}S_{a'}[e^{n'x}S_aV] + e^{-n'x}\varphi(y - a'x) + \varphi'(y - ax),$$

et pour le second

$$z = e^{-nx}S_a[e^{nx}S_{a'}V] + e^{-nx}\varphi(y - ax) + \varphi'(y - a'x).$$

18. Nous venons de voir qu'une équation du second ordre à coefficiens constans ne saurait admettre une intégrale première, à moins que ces coefficiens ne soient liés entre eux par l'équation de condition (40). Cherchons maintenant les conditions analogues, qui devront avoir lieu dans le cas général où il s'agit d'intégrer l'équation

$$\partial_x^2 z + P\partial_x\partial_y z + Q\partial_y^2 z + R\partial_y z + S\partial_x z + Tz = V; \qquad (44)$$

P, Q, R, S, T, V, désignant des fonctions des deux variables x, y.

Pour que le premier membre de cette équation puisse être considéré comme le résultat de deux opérations semblables effectuées successivement sur la fonction z, il est facile de réconnaître que la caractéristique rélative à chaque opération doit avoir la forme $D^p + q$; de manière que nous exprimerons alors la proposée sous la forme abrégée:

$$(D_{p'} + q')(D_p + q)z = V. \qquad (45)$$

Il faudra maintenant indiquer les moyens d'opérer cette décomposition caractéristique, c'est-à-dire, de déterminer les fonctions p, p', q, q', qui devront servir ensuite à évaluer l'intégrale complète de l'équation (45).

A cet effet posons l'équation

$$t = D_p z + qz = (D_p + q)z = (\overset{q}{D}_p)z.$$

On en tire d'abord

$$D_{p'}t = D_{p'}D_pz + qD_{p'}z + zD_{p'}q$$
$$q't = q'D_pz + qq'z,$$

par conséquent

$$(\overset{q'}{D}_{p'})(\overset{q}{D}_p)z = D_{p'}D_pz + qD_{p'}z + q'D_pz + (qq' + D_{p'}q)z = \text{V}.$$

Or, on trouvera sans peine que

$$D_{p'}D_pz = \partial_x^2z + (p+p')\,\partial_x\partial_yz + pp'\,\partial_y^2z + D_{p'}p.\,\partial_yz.$$

Substituant cette valeur dans l'expression précédente, et comparant ensuite les termes de celle ci, à ceux dela proposée, on en déduira immédiatement

$$\text{P} = p + p'.\quad \text{Q} = pp'.\quad \text{R} = p'q + q'p + D_{p'}p.\quad \text{S} = q + q' \qquad (46)$$
$$\text{T} = qq' + D_{p'}q. \qquad (47)$$

Telles sont les équations auxquelles on devra satisfaire dans le cas d'intégrabilité immédiate. Après avoir déterminé p, p' au moyen des deux premières, on substituera leurs valeurs dans la troisième, qui servira avec la quatrième à obtenir q, q'. Les valeurs de p', q, q', devront vérifier ensuite l'équation (47), qui établit en conséquence la condition d'intégrabilité dont il s'agit.

Pour parvenir à l'intégrale complète de l'équation générale (45), nous n'aurons d'abord qu'à chercher celle de l'équation du premier ordre

$$D_{p'}t + q't = \text{V}. \qquad (48)$$

Supposons en premier lieu $\text{V} = 0$, l'on aura à intégrer l'équation

$$D_{p'}t = -q't,\quad \text{ou bien}\quad D_{p'}\log t = -q',$$

qui donne $\log t = -S_{p'}q' + \varphi'(u')$;

$u' = 0$ désignant la fonction qui satisfait à l'équation différentielle

$$dy - p'dx = 0.$$

on aura ainsi $$t = e^{-S_{p'}q'}\,\phi'(u').$$

Faisons maintenant dans l'équation (48)

$$t = e^{-S_{p'}q'}\,t',$$

il en résultera $$(D_{p'} + q')t = e^{-S_{p'}q'}\,D_{p'}t' = V,$$

donc $$D_{p'}t' = Ve^{S_{p'}q'}, \qquad t' = S_{p'}Ve^{S_{p'}q'} + \phi'(u'),$$

partant $$t = e^{-S_{p'}q'}\left\{S_{p'}Ve^{S_{p'}q'} + \phi'(u')\right\}; \tag{49}$$

expression qui a la plus grande analogie avec celle de t déduite de l'équation linéaire du premier ordre

$$\partial_x t + q't = V.$$

La fonction t étant déterminée au moyen de la formule précédente, qui exprime l'intégrale première de la proposée, il restera encore à intégrer l'équation

$$D_p z + qz = t.$$

On en tire de la même manière

$$z = e^{-S_p q}\{S_p\, te^{S_p q} + \phi(u)\},$$

où il faudra substituer la valeur complète de t obtenue ci-dessus, ce qui fournit l'expression générale

$$z = e^{-S_p q}\{S_p e^{S_p q - S_{p'}q'}\,(S_{p'}Ve^{S_{p'}q'} + \phi'(u')) + \phi(u)\}. \tag{50}$$

Si le terme V disparaît de l'équation générale, on aura successivement

$$D_p z + q = e^{-S_{p'}q'}\,\phi'(u'),$$

$$z = e^{-S_p q}\{S_p\,(e^{S_p q - S_{p'}q'}\,\phi'(u)') + \phi(u)\}, \tag{51}$$

pour la valeur complète de z, où le premier terme ne peut être evalué qu'après avoir particularisé la fonction arbitraire $\phi'(u)$.

19. En supposant que les coefficiens de la proposée ne contiennent que la variable x, les signes S_p, $S_{p'}$ se changeront par rapport aux fonctions q, q', en ceux de l'intégration ordinaire, ce qui réduit l'équation (51) à

$$z = e^{-\int q\mathrm{d}x}\{S_p(e^{\int(q-q')\mathrm{d}x}\phi'(u')) + \phi(u)\}, \tag{52}$$

ou bien, en posant pour abréger $\int q\mathrm{d}x = q_1$, $\int q'\mathrm{d}x = q_2$

$$z = e^{-q_1}\{S_p(e^{q_1-q_2}\phi'(u')) + \phi(u)\}. \tag{53}$$

Si en même tems le terme V est fonction de x seulement, la quantité renfermée entre les deux crochets, devra être augmentée de l'expression $\int e^{q_1-q_2}\mathrm{d}x\int Ve^{q_2}\mathrm{d}x$, pour donner la valeur complète de z. Quant à la condition d'intégrabilité applicable à ce cas particulier, elle se réduit, en vertu de l'équation (47), à

$$T = qq' + \partial q.$$

Lorsque les coefficiens P, Q, etc., sont fonctions de y seulement, on pourra ramener ce cas à celui qui précède, en permutant entre elles les variables x, y, dans l'équation (44) mise sous la forme

$$\partial_y^2 z + \frac{P}{Q}\partial_x\partial_y z + \frac{1}{Q}\partial_x^2 z + \frac{S}{Q}\partial_x z + \frac{R}{Q}\partial_y z + \frac{T}{Q}z = V.$$

On effectuera ensuite la même permutation dans la valeur de z donnée par cette dernière équation.

20. Il ne sera pas inutile de faire voir qu'il peut exister entre les coefficiens P, Q, etc., supposés fonctions de x seulement, une rélation telle qu'il devient possible de dégager l'expression (52) du signe S_p qui affecte l'une des fonctions arbitraires. Cette circonstance aura évidemment lieu, lorsque le produit $e^{\int(q-q')\mathrm{d}x}\phi(u')$ sera réductible à la forme $D_p\psi(u')$, ce qui exige qu'on ait l'équation

$$e^{\int(q-q')\mathrm{d}x} = D_p u' = \partial_x u' + p\partial_y u'.$$

Or, puisque $$u' = y - \int p' \mathrm{d}x,$$

il en résultera $$e^{\int (q-q')\mathrm{d}x} = p - p'.$$

Donc, en différentiant

$$(q-q')(p-p') = \partial p - \partial p',$$

ou bien, à cause de $p + p' = \mathrm{P}$

$$(q-q')(p-p') = 2\partial p - \partial \mathrm{P}.$$

Ajoutant à celle ci, l'équation

$$2p'q + 2pq' = 2\mathrm{R} - 2\partial p \quad (\text{n.}^{\circ}\ 18),$$

la somme deviendra

$$(q+q')(p+p') = \mathrm{PS} = 2\mathrm{R} - \partial \mathrm{P},$$

d'où il suit $$2\mathrm{R} - \mathrm{PS} - \partial \mathrm{P} = 0. \qquad (54)$$

Telle est la rélation qu'il s'agissait d'établir. Si les coefficiens P, R, S, y satisfont, la valeur de z donnée par la formule (53), se réduira à

$$z = e^{-q_1}(\varphi'(u') + \varphi(u)).$$

21. Reprenons le cas général, et supposons qu'il résulte des rélations (46), (47), $p' = p$ et $q' = q$; alors ces rélations se réduiront à

$$\mathrm{P} = 2p,\quad \mathrm{Q} = p^2,\quad \mathrm{R} = 2pq + \mathrm{D}_p p,\quad \mathrm{S} = 2q,\quad \text{et}\quad \mathrm{T} = q^2 + \mathrm{D}_p q;$$

d'où l'on tire facilement les équations

$$4\mathrm{R} = 2\mathrm{PS} + 2\partial_x \mathrm{P} + \mathrm{P}\partial_y \mathrm{P}$$

$$4\mathrm{T} = \mathrm{S}^2 + 2\partial_x \mathrm{S} + \mathrm{P}\partial_y \mathrm{S},$$

qui exprimeront ainsi les conditions auxquelles les coefficiens P, R, S, T doivent satisfaire, pourque la proposée soit reductible à la forme

$$(D_p + q)^2 z = V.$$

Quant à la valeur de l'intégrale complète, l'expression générale fournira dans ce cas

$$z = e^{-S_p q} \left\{ S_p^2 V e^{S_p q} + x \, \phi(u) + \phi'(u) \right\}. \qquad (55)$$

En faisant disparaître un des trois coefficiens P, R, S, la valeur de z conservera la même forme que dans le cas général; il n'y aura que les rélations (46), (47) qui se simplifieront un peu. Mais il n'en sera pas de même lorsqu'on suppose $T = 0$. En effet, cette hypothèse conduisant à l'équation de condition

$$D_{p'} q = - q q',$$

d'où

$$\frac{D_{p'} q}{q} = D_{p'} \log q = - q',$$

celle ci donnera

$$q = e^{-S_{p'} q'} \, \psi(u').$$

Et puisqu'alors

$$S_{p'} (V e^{S_{p'} q'}) = S_{p'} \, \psi(u') \left(\frac{V}{q}\right) = \psi(u') \, S_{p'} \left(\frac{V}{q}\right),$$

en vertu de (22), il viendra en substituant dans la formule générale (50)

$$z = e^{-S_p q} \left\{ S_p \, q e^{S_p q} \left(S_{p'} \left(\frac{V}{q}\right) + \phi'(u')\right) + \phi(u) \right\} \qquad (56)$$

pour l'intégrale de l'équation

$$\partial_x^2 z + P \partial_x \partial_y z + Q \partial_y^2 z + R \partial_y z + S \partial_x z = V. \qquad (57)$$

22. En supposant nulles quelques unes des quantités p, p', q, q', on pourra établir *a priori* divers cas particuliers de l'équation (44), qui donneront lieu à des expressions simplifiées pour la valeur complète de z. Nous allons les discuter successivement, en indiquant pour chacun d'eux les conditions d'intégrabilité immédiate qui s'y rapportent.

1.er *cas.* $p=0.$

$$\mathrm{P}=p' \quad \mathrm{Q}=0. \quad \mathrm{R}=q\mathrm{P}. \quad \mathrm{S}=q'+q,$$

d'où $$q=\frac{\mathrm{R}}{\mathrm{P}}, \quad q'=\frac{\mathrm{PS}-\mathrm{R}}{\mathrm{P}},$$

équation de condition $\mathrm{T}=qq'+\mathrm{D}_{p'}q.$

$$z=e^{-\int q\mathrm{d}x}\left\{\int e^{\int q\mathrm{d}x-\mathrm{S}_{p'}q'}\mathrm{d}x\,(\mathrm{S}_{p'}\mathrm{V}e^{\mathrm{S}_{p'}q'}+\Phi'(u'))+\Phi(y)\right\},$$

intégrale complète de l'équation

$$\partial_x^2 z+\mathrm{P}\partial_x\partial_y z+\mathrm{R}\partial_y z+\mathrm{S}\partial_x z+\mathrm{T}z=\mathrm{V}, \tag{58}$$

réductible à la forme

$$(\mathrm{D}_{p'}+q')(\partial_x+q)z=\mathrm{V}.$$

2.e *cas.* $p'=0.$

$$\mathrm{P}=p. \quad \mathrm{Q}=0. \quad \mathrm{R}=\mathrm{P}q'+\partial_x\mathrm{P}. \quad \mathrm{S}=q+q'$$

$$q'=\frac{\mathrm{R}-\partial_x\mathrm{P}}{\mathrm{P}}. \quad q=\frac{\mathrm{PS}-\mathrm{R}+\partial_x\mathrm{P}}{\mathrm{P}};$$

équation de condition $\mathrm{T}=qq'+\partial_x q$

$$z=e^{-\mathrm{S}_p q}\left\{\mathrm{S}_p\, e^{\mathrm{S}_p q-\int q'\mathrm{d}x}\,(\int \mathrm{V}e^{\int q'\mathrm{d}x}\,\mathrm{d}x+\Phi'(y))+\Phi(u)\right\}.$$

intégrale complète de l'équation (58), réductible à la forme

$$(\partial_x+q')(\mathrm{D}_p+q)z=\mathrm{V}.$$

3.e *cas.* $q=0.$

$$\mathrm{P}=p+p'. \quad \mathrm{Q}=pp'. \quad \mathrm{R}=pq'+\mathrm{D}_{p'}p. \quad \mathrm{S}=q'. \quad \mathrm{T}=0,$$

équation de condition $\mathrm{R}=p\mathrm{S}+\mathrm{D}_{p'}p$

$$z=\mathrm{S}_p\, e^{-\mathrm{S}_{p'}q'}(\mathrm{S}_{p'}\,\mathrm{V}e^{\mathrm{S}_{p'}q'}+\Phi'(u'))+\Phi(u),$$

intégrale complète de l'équation (57)

$$\partial_x^2 z + P\partial_x\partial_y z + Q\partial_y^2 z + R\partial_y z + S\partial_x z = V,$$

réductible à la forme $(D_{p'} + q')\, D_p z = V.$

4.e *cas.* $q' = 0.$

$$P = p + p'. \quad Q = pp'. \quad R = p'q + D_{p'}p. \quad S = q. \quad T = D_{p'}q,$$

équation de condition $T = \partial_x S + p'\,\partial_y S$

$$z = e^{-S_p q}\{S_p\, e^{S_p q}\,(S_{p'} V + \phi'(u')) + \phi(u)\},$$

intégrale complète de l'équation générale (44), réductible à la forme

$$D_{p'}\,(D_p + q) z = V.$$

5.e *cas.* $q = 0$ et $q' = 0.$

$$P = p + p'. \quad Q = pp'. \quad R = D_{p'}p. \quad S = 0. \quad T = 0$$

$$z = S_p\, S_{p'} V + S_p\, \phi'(u') + \phi(u),$$

intégrale complète de l'équation

$$\partial_x^2 z + P\partial_x\,\partial_y z + Q\partial_y^2 z + R\partial_y z = V, \qquad (59)$$

réductible à la forme $D_{p'}\, D_p z = V,$

lorsque l'équation $R = D_{p'}p$ sera verifiée par les valeurs de p et p'.

Mais il importe de faire remarquer ici que l'équation (59) pourra admettre encore une intégrale complète de forme différente. En effet, les hypothèses $S = 0$, $T = 0$ se vérifient également en supposant

$$q' = -q. \quad qq' + D_{p'}q = 0,$$

ce qui fournira pour condition d'intégrabilité

$$D_{p'}q = q^2, \text{ ou bien } e^{S_p q} = q\,\psi(u'):$$

d'où l'on tirera pour z la même expression que celle (56) rélative à l'hypothèse de $T = 0$. L'équation (59) sera réductible alors à la forme

$$(D_{p'} - q)(D_p + q)z = V.$$

En introduisant dans l'équation générale (44) deux nouvelles variables indépendantes t, u, on pourra établir entre celles ci et les variables x, y, des rélations telles que la transformée en t, u soit degagée de ses deux derniers termes, ou de deux autres termes quelconques, afin de simplifier par là l'expression de l'intégrale complète. Telle est à peu près la marche suivie par le célèbre *Euler*, dans ses *Instit. calc. intégr. Vol.* III. *Sect.* II. *Cap.* III., et qu'il applique ensuite à divers cas particuliers de l'équation générale, pour en déduire les conditions d'intégrabilité y rélatives. Mais ce procédé exige le plus souvent des opérations assez prolixes, ainsi qu'il est facile de prévoir. C'est pourquoi nous avons cru devoir adopter une marche différente qui paraîtra sans doute plus directe et plus analogue d'ailleurs à notre méthode d'intégration.

6.e *cas.* $p = 0$ et $p' = 0$.

$$P = 0. \quad Q = 0. \quad R = 0. \quad S = q + q'. \quad T = qq' + \partial_x q,$$

ce qui donne

$$z = e^{-\int q dx}\left\{\int e^{\int (q-q')dx} dx \left(\int V e^{\int q' dx} + \Phi'(y)\right) + \Phi(y)\right\},$$

pour l'intégrale complète de l'équation

$$\partial_x^2 z + S\partial_x z + Tz = V, \tag{60}$$

toujours réductible à la forme

$$(\partial_x + q')(\partial_x + q)z = V,$$

chaque fois qu'il devient possible d'obtenir l'intégrale de l'équation

$$\partial_x q + (S - q)q = T, \tag{61}$$

qui se réduit à $t^2 + \partial_x t = S'^2 + \partial_x S' - T$, en posant $S = 2S'. \quad q = S' - t. \quad q' = S' + t.$

Ce résultat s'accorde d'ailleurs avec ce qui a été trouvé aux n.°ˢ 16 et 17 de notre Mémoire sur l'intégration des équations différentielles linéaires à deux variables.

Si l'on avait $T = \partial_x S$, il en résulterait la rélation $qq' = \partial_x q'$, qui pourra être satisfaite de deux manières, savoir 1.° en prenant $q' = 0$ et 2.° en supposant $q' = e^{\int q dx}$.

La première hypothèse donnera

$$z = e^{-\int q dx}\left\{\int e^{\int q dx} dx\,(\int V dx + \varphi'(y)) + \varphi(y)\right\};$$

q étant égal au coefficient S. L'équation (60) sera réductible alors à la forme

$$\partial_x(\partial_x + q)z = V.$$

La seconde conduira à

$$z = \frac{1}{q'}\left\{\int e^{-\int q' dx} q' dx\,(\int V e^{\int q' dx} + \varphi'(y)) + \varphi(y)\right\}.$$

Quant à la valeur de q qui doit fournir celle de q', elle ne pourra se déterminer autrement qu'à l'aide de l'équation (61).

7.ᵉ *cas.* $p = 0$ et $q = 0$.

$$P = p'. \quad Q = 0. \quad R = 0. \quad S = q'. \quad T = 0.$$

$$z = \int e^{-S_{p'} q'} dx\,(S_{p'} V e^{S_{p'} q'} + \varphi'(y)) + \varphi(y),$$

intégrale complète de l'équation

$$\partial_x^2 z + P\partial_x \partial_y z + S\partial_x z = V, \qquad (62)$$

qui peut toujours s'exprimer sous la forme

$$(D_{p'} + q')\partial_x z = V.$$

8.e *cas.* $p' = 0$ et $q' = 0$.

$$P = p. \quad Q = 0. \quad R = \partial_x P. \quad S = q. \quad T = \partial_x S,$$

$$z = e^{-S_p q}\left\{S_p e^{S_p q}\left(\int V dx + \varphi'(y)\right) + \varphi(y)\right\},$$

intégrale complète de l'équation (58)

$$\partial_x^2 z + P\partial_x \partial_y z + R\partial_y z + S\partial_x z + Tz = V,$$

qui sera réductible à la forme

$$\partial_x(D_p + q)z = V,$$

pourvu que l'on ait entre les coefficiens P, R, S, T, les rélations

$$R = \partial_x P, \quad T = \partial_x S,$$

qui exprimeront alors les conditions d'intégrabilité immédiate.

9.e *cas.* $p = 0$. $q' = 0$.

$$P = p'. \quad Q = 0. \quad R = Pq. \quad S = q,$$

équation de condition

$$T = D_{p'}\left(\frac{R}{P}\right) = D_p S = \partial_x S + P\partial_y S$$

$$z = e^{-\int q dx}\left\{\int e^{\int q dx} dx\, S_{p'}(Ve^{S_{p'}q'} + \varphi'(u')) + \varphi(y)\right\},$$

intégrale complète de l'équation (58)

$$\partial_x^2 z + P\partial_x \partial_y z + R\partial_y z + S\partial_x z + Tz = V,$$

réductible à la forme

$$D_{p'}(\partial_x + q)z = V.$$

Cette même équation ayant déjà été traitée dans les 1, 2 et 8 cas, on voit par là, que son intégrale est susceptible d'admettre quatre formes différentes, dont le choix dépendra seulement de l'équation de condition à la quelle satisferont les coefficiens P, R etc. Une circonstance semblable se présente également dans d'autres équations, ce dont on a déjà vu un exemple dans le 5.ᵉ cas.

10.ᵉ *cas.* $p' = 0$ et $q = 0$.

$$P = p. \quad Q = 0. \quad R = Pq' + \partial_x P. \quad S = q'. \quad T = 0.$$

équation de condition $R = PS + \partial_x P$

$$z = S_p\, e^{-\int q' dx} \left(\int V e^{\int q' dx} dx + \varphi'(y')\right) + \varphi(u),$$

intégrale de l'équation

$$\partial_x^2 z + P\partial_x\,\partial_y z + R\partial_y z + S\partial_x z = V, \qquad (63)$$

réductible à la forme

$$(\partial_x + q')\, D_p z = V.$$

La même équation admettra en outre deux autres intégrales de forme différente, que l'on déduira de la formule (56) en y faisant successivement $p = 0$ et $p' = 0$. La première hypothèse donne

$$P = p'. \quad R = Pq. \quad S = q + q',$$

et pour condition d'intégrabilité

$$q = e^{-S_{p'} q'}\, \psi(u'),$$

$$z = e^{-\int q dx} \left\{\int e^{\int q dx} q dx \left(S_{p'} \frac{V}{q} + \varphi'(u')\right) + \varphi(y)\right\};$$

l'équation (63) étant alors réductible à la forme

$$(D_{p'} + q)\,(\partial_x + q) z = V.$$

L'hypothèse de $p' = 0$, fournit les mêmes rélations que dans le 2.ᵉ cas, et l'équation de condition deviendra, à cause de $T = 0$

$$qq' = -\partial_x q, \quad \text{ou bien} \quad q = e^{-\int q' dx}\, \psi(y),$$

$$z = e^{-S_p q} \left\{S_p\, q e^{S_p q} \left(\int \frac{V}{q} dx + \varphi'(y)\right) + \varphi(u)\right\}.$$

L'équation (63) sera alors reductible à la forme

$$(\partial_x + q')(D_p + q)z = V.$$

Les quatres autres équations que l'on obtient en outre en faisant disparaître à la fois trois des quantités p, p', q, q', se ramenant immédiatement à des équations du premier ordre de la forme

$$\partial_x z + Mz = N,$$

il serait inutile de nous arrêter ici à les discuter en détail.

23. Mais il nous reste encore à traiter quelques équations non comprises dans les cas précédens, et donnant lieu à des rélations particulières entre les quatres quantités dont il s'agit.

Telle est par exemple l'équation

$$\partial_x^2 z + P\partial_x \partial_y z + Q\partial_y^2 z = V, \tag{64}$$

où les coefficiens R, S, T ont disparu à la fois; ce qui exige qu'on ait

$$q' = -q. \quad (p - p')q = D_{p'}p, \quad D_{p'}q = q^2.$$

La seconde de ces équations servira à déterminer la valeur de q, et si la troisième est satisfaite par cette valeur, la proposée sera réductible à la forme

$$(D_{p'} - q)(D_p + q)z = V.$$

Son intégrale s'exprimera alors par la formule (56).

En supposant $q = q' = 0$ et $D_{p'}p = 0$, les trois coefficiens R, S, T, disparaîtront également; dans ce cas, l'équation (64) se réduira à la forme plus simple

$$D_{p'} D_p z = V,$$

pourvu que $p = \varphi'(u')$, et son intégrale aura pour expression

$$z = S_p S_{p'} V + S_p \varphi'(p) + \varphi(u).$$

Supposons en outre $P = o$ et $Q = -p^2$,

il viendra $p' = -p$. $2pq = D_{p'}p$. $q' = -q$, $D_{p'}q = q^2$.

Les seconde et quatrième de ces équations étant mises sous les formes

$$\frac{D_{p'}p}{2p} = q. \qquad \frac{D_{p'}q}{q} = q,$$

on en tirera $e^{S_{p'}q} = \sqrt{p}\,\psi(u')$. $e^{S_{p'}q} = q\phi(u')$.

Donc, l'équation de condition pourra être représentée encore par une de celles ci

$$p = q^2\,\phi(u'), \quad \text{ou } q^2 = p\,\phi(u')$$

et l'intégrale z s'exprimera par la formule (56), en y changeant seulement p' en $-p$. La proposée qui revient à

$$\partial_x^2 z - p^2\,\partial_y^2 z = V, \tag{65}$$

sera réductible alors à la forme

$$(D_{-p} - q)\,(D_p + q)z = V.$$

Si l'on avait $D_{-p}p = 0$, d'où résulterait $q = 0$ et $q = 0$, la proposée se réduirait à la forme

$$D_{-p}\,D_p z = V.$$

La condition d'intégrabilité étant alors exprimée par l'équation

$$\partial_x p - p\partial_y p = 0,$$

celle ci donnerait, en vertu de ce qui a été exposé au n.° 11, la rélation

$$p = \phi(y + px).$$

Lorsque le coefficient p^2 est fonction seulement de x, les équations

$$D_{p'}q = \partial q = q^2. \qquad 2pq = D_{p'}p = \partial p,$$

fourniront directement les valeurs

$$q = \frac{1}{\alpha - x}. \qquad p = \frac{\beta}{(\alpha - x)^2};$$

α, β étant deux constantes arbitraires. On voit par là que l'équation (65) sera susceptible d'intégration immédiate, chaque fois que la fonction p sera de la forme $\frac{\beta}{(\alpha-x)^2}$; et puisqu'alors

$$e^{-\int q\mathrm{d}x}=\frac{1}{\sqrt{p}}.\quad e^{-\int q'\mathrm{d}x}=\sqrt{p}.\quad e^{\int (q-q')\mathrm{d}x}=p,$$

la valeur de z aura pour expression, en vertu de la formule (50)

$$z=\frac{1}{\sqrt{p}}\left\{\mathrm{S}_p p(\mathrm{S}_{-p}\mathrm{V}p^{\frac{1}{2}}+\varphi'(u'))+\phi(u)\right\},$$

où l'on a $\quad u=y-\int p\mathrm{d}x=y-\int\frac{\beta\mathrm{d}x}{(\alpha-x)^2}=y-\frac{\beta}{\alpha-x}$

$$u'=y-\int p'\mathrm{d}x=y+\int p\mathrm{d}x=y+\frac{\beta}{\alpha-x}\,.$$

Soit encore l'équation

$$\partial_x^2 z-p^2\,\partial_y^2 z+\mathrm{R}\partial_y z+\mathrm{S}\partial_x z=\mathrm{V}, \tag{66}$$

formant un cas particulier de celle (57). Elle donnera pour q, q', les valeurs suivantes

$$q=\frac{p\mathrm{S}-\mathrm{R}+\mathrm{D}_{-p}p}{2p}.\qquad q'=\frac{p\mathrm{S}+\mathrm{R}-\mathrm{D}_{-p}p}{2p},$$

qui devront vérifier l'équation de condition (47)

$$qq'+\mathrm{D}_{-p}q=\mathrm{o},$$

pourque la proposée soit réductible à la forme

$$(\mathrm{D}_{-p}+q')\,(\mathrm{D}_p+q)z=\mathrm{V}.$$

Quant à la valeur de l'intégrale, elle s'exprimera encore par la formule (56), où l'on n'aura qu'à changer p' en $-p$.

S'il existe entre les coefficiens de la proposée, la rélation

$$\mathrm{R}-p\mathrm{S}-\mathrm{D}_{-p}p=\mathrm{o}, \tag{α}$$

ou bien, en prenant p avec le signe contraire

$$\mathrm{R}+p\mathrm{S}+\mathrm{D}_p p=\mathrm{o}; \tag{β}$$

la valeur de $q=0$ qui en résultera, satisfera à l'équation de condition, ce qui rentre dans le troisième cas précédemment traité. C'est donc à la formule y rélative qu'il faudra recourir pour obtenir la valeur de z.

Mais si l'on trouvait la rélation

$$R+pS-D_{-p}p=0,$$

la quantité q' s'évanouirait, et la condition d'intégrabilité s'exprimerait dans ce cas par

$$D_{-p}q=0;\quad \text{d'où il suit}\quad S=q=\psi(u'),$$

ou bien, en donnant à p le signe contraire, $S=\psi(u)$.

La dernière condition donnant $S_p q = x\,\psi(u)$, on trouvera, en vertu de la formule qui se rapporte au quatrième cas,

$$z=e^{-x\psi(u)}\{S_p\, e^{x\psi(u)}\,(S_{-p}V+\varphi'(u'))+\varphi(S)\}.$$

En traitant l'équation (66), *Euler* ne donne que les rélations (α), (β), pour conditions d'intégrabilité, et l'on vient de voir qu'elles n'expriment qu'un cas particulier d'intégration.

Si l'on suppose $R=0$, l'équation

$$\partial_x^2 z-p^2\,\partial_y^2 z+S\partial_x z=V, \tag{67}$$

donnera lieu aux valeurs

$$q=\frac{1}{2}S+\frac{D_{-p}p}{2p}.\qquad q'=\frac{1}{2}S-\frac{D_{-p}p}{2p},$$

qui devront vérifier l'équation de condition $qq'+D_{-p}\,q=0$.

La formule (56) sera encore applicable à la proposée, en y remplacant p' par $-p$.

24. Considérons enfin l'équation

$$\partial_x\,\partial_y z+R\partial_y z+S\partial_x z+Tz=V. \tag{68}$$

On remarquera sans peine que la valeur complète de son intégrale ne pourra être déduite de l'expression générale (50), ou en d'autres termes, que son premier membre ne saurait être réductible à aucune des formes particulières comprises dans $(D_{p'} + q')(D_p + q)z$. Mais voici comment on pourra intégrer cette équation d'une manière analogue à celle exposée au n.° 18.

Soit $$t = \partial_x z + Rz,$$

on en tirera $$\partial_y t = \partial_x \partial_y z + R\partial_y z + z\partial_y R$$
$$St = S\partial_x z + RSz;$$

d'où l'on conclut immédiatement que la proposée sera susceptible d'être mise sous la forme

$$(\partial_y + S)(\partial_x + R)z = V, \tag{69}$$

pourvu que les coefficiens R, S, T soient liés entre eux par la rélation

$$T = RS + \partial_y R,$$

qui exprimera par conséquent la condition d'intégrabilité.

L'équation (69) aura pour intégrale première

$$\partial_x z + Rz = e^{-\int S dy} \left(\int V e^{\int S dy} dy + \varphi(x)\right),$$

et pour intégrale seconde

$$z = e^{-\int R dx} \left\{ \int e^{\int R dx - \int S dy} dx \left(\int V e^{\int S dy} dy + \varphi(x)\right) + \psi(y) \right\}.$$

Dans le cas particulier où les fonctions R, S fussent telles que l'on eut la rélation

$$\partial_y R = \partial_x S, \quad \text{ou bien } \int R dx = \int S dy,$$

la valeur de z se réduirait à la forme très simple

$$z = e^{-\int R dx} \left\{ \iint V e^{\int R dx} dx\, dy + \varphi(x) + \psi(y) \right\}.$$

Lorsque le coefficient S disparaît, l'équation $T = \partial_y R$ sera la condition d'intégrabilité rélative à l'équation

$$\partial_x \partial_y z + R\partial_y z + Tz = V, \tag{70}$$

et il viendra dans ce cas, pour la valeur de l'intégrale complète

$$z = e^{-\int \mathrm{R}dx}\left\{\int e^{\int \mathrm{R}dx}dx\,(\int \mathrm{V}dy + \varphi(x)) + \psi(y)\right\}.$$

C'est à l'intégration de l'équation (68) qu'*Euler* ramène celle de l'équation générale. On peut voir dans l'ouvrage de M. *Lacroix* (Tom. II, pag. 605), les développemens que cette marche exige par suite de l'introduction de deux nouvelles variables indépendantes. Il en est de même quant au procédé d'*Euler* pour établir l'équation de condition

$$\mathrm{T} = \mathrm{RS} + \partial_y \mathrm{R},$$

que nous venons d'obtenir d'une manière assez simple.

25. En terminant la discussion des divers cas que présente l'équation générale (44), il ne sera pas inutile de donner ici quelques applications propres à éclaircir notre méthode d'intégration.

Soit d'abord l'équation

$$y^2\partial_x^2 z + 2xy^2\partial_x\partial_y z + (x^2 - a^2)y\partial_y^2 z + (y^2 - x^2 + a^2)\partial_y z = (x^2 + y^2)y^2.$$

En la divisant par le coefficient du premier terme, il viendra

$$\mathrm{P} = \frac{2x}{y}. \quad \mathrm{Q} = \frac{x^2 - a^2}{y^2}. \quad \mathrm{R} = \frac{y^2 - x^2 + a^2}{y^2}. \quad \mathrm{V} = x^2 + y^2.$$

La proposée ne contenant point les coefficiens S, T, devra être rangée dans le cinquième cas.

Les équations $\quad p + p' = \frac{2x}{y}. \quad pp' = \frac{x^2 - a^2}{y^2},$

donneront $\quad p = \frac{x + a}{y}. \quad p' = \frac{x - a}{y}$

$$\partial_x p = \frac{1}{y}. \quad \partial_y p = -\frac{x + a}{y^2}.$$

Et puisque ces dernières valeurs vérifient l'équation de condition

$$\mathrm{R} = \mathrm{D}_{p'}p = \partial_x p + p'\partial_y p,$$

la proposée sera réductible à la forme $D_{p'}D_p z = V$, et son intégrale complète s'exprimera par la formule énoncée au 5.e cas. Or, les équations différentielles

$$dy - p dx = 0, \qquad dy - p' dx = 0,$$

qui servent à déterminer les fonctions u, u', fourniront, en y substituant les valeurs de p et p' obtenues ci dessus

$$u = y^2 - x^2 - 2ax, \qquad u' = y^2 - x^2 + 2ax,$$

donc $S_p V = S_{p'}(x^2 + y^2) = \int x^2 dx + S_{p'} y^2 = \frac{x^3}{3} + \int (u' + x^2 - 2ax) dx$

$$= \frac{2}{3} x^3 - ax^2 + u'x = xy^2 + ax^2 - \frac{1}{3} x^3 = V'.$$

$$S_p S_{p'} V = S_p V' = \frac{ax^3}{3} - \frac{x^4}{12} + \int (ux + x^3 + 2ax^2) dx$$

$$= \frac{1}{6} x^4 + ax^3 + \frac{ux^2}{2} = \frac{x^2y^2}{2} - \frac{x^4}{3}.$$

Voici une autre manière plus expéditive que la précédente, pour parvenir à la valeur de cette double intégrale.

Si l'on observe que $x^2 + y^2 = \frac{u + u'}{2} + 2x^2$, il en résultera d'abord

$$S_p S_{p'}(x^2 + y^2) = \frac{x^4}{6} + \frac{1}{2} S_p S_{p'}(u' + u).$$

Or, $S_{p'} u' = xu' = (u + 4ax)x$,

donc $S_p S_{p'} u' = S_p (u + 4ax)x = \frac{1}{2} ux^2 + \frac{4}{3} ax^3.$

On aura de même, en changeant seulement a en $-a$

$$S_p S_{p'} u = \frac{1}{2} u'x^2 - \frac{4}{3} ax^3.$$

Donc, la somme des deux résultats fournira sur le champ

$$S_p S_{p'} (x^2 + y^2) = \frac{x^2}{4}(u' + u) + \frac{x^4}{6} = \frac{x^2y^2}{2} - \frac{x^4}{3},$$

ce qui s'accorde avec le résultat trouvé en premier lieu.

L'intégrale complète de la proposée s'exprimera ainsi par

$$z = \frac{x^2y^2}{2} - \frac{x^4}{3} + S_p\,\varphi'(y^2 - x^2 + 2ax) + \varphi(y^2 - x^2 - 2ax).$$

Pour évaluer le second terme de cette expression, il faudra y remplacer $y^2 - x^2$, par la quantité $u + 2ax$, et intégrer ensuite $\varphi'(u+4ax)\mathrm{d}x$, en y considérant u comme une constante, ce qui exige une détermination préalable de la fonction φ'.

Soit à intégrer l'équation

$$\partial_x^2 z - \partial_y^2 z + \frac{4}{x+y}\,\partial_x z = 0,$$

qui rentre dans celle (67) traitée dans le n.° 23, en y faisant

$$p = \pm 1. \qquad S = \frac{4}{x+y}. \qquad V = 0;$$

les valeurs de q et q' deviendront

$$q = q' = S = \frac{2}{x+y}.$$

L'équation de condition sera

$$q^2 = p\,\partial_y q - \partial_x q,$$

à laquelle on satisfera, en prenant $p = -1$, d'où il suit

$$u = y + x. \qquad u' = y - x,$$

et partant

$$S_p q = S_p \frac{2}{u} = \frac{2x}{u};$$

donc, en vertu de la formule (56), on aura pour la valeur de l'intégrale

$$z = e^{-\frac{2x}{u}}\left\{S_p \frac{e^{\frac{2x}{u}}}{u}\varphi'(u') + \varphi(u)\right\}$$

$$= e^{-\frac{2x}{x+y}}\left\{\int \frac{e^{\frac{2x}{u}}}{u}\varphi'(u-2x)\mathrm{d}x + \varphi(y+x)\right\},$$

en regardant u comme une constante pendant l'intégration, que l'on remplacera ensuite par $x+y$. Ce résultat s'accorde avec celui obtenu par M. *Lacroix* (Tom. II. pag. 592), en cherchant d'abord l'intégrale première de la proposée.

L'équation $\partial_x^2 z - \frac{y^2}{x^2}\partial_y^2 z - \frac{1}{x}\partial_y z + \frac{1}{y}\partial_x z = 0,$

rentre dans celle (66). On aura ici

$$p^2 = \frac{y^2}{x^2}. \quad R = -\frac{1}{x}. \quad S = \frac{1}{y}. \quad V = 0.$$

En prenant $p = \frac{y}{x}$, il en résultera $D_p p = 0$, et puisqu'on à $R + pS = 0$, la rélation (β), sera satisfaite; donc $q = 0$, $q' = \frac{1}{y}$, $u = \frac{y}{x}$, $u' = xy$, $S_p q' = \int \frac{x\mathrm{d}x}{u'} = \frac{1}{2}\frac{x^2}{u'} = \frac{x}{2y}$, et il viendra, en vertu de la formule rélative au 3.e cas

$$z = S_p\, e^{-\frac{x}{2y}}\varphi'(xy) + \varphi(\tfrac{y}{x}).$$

Pour obtenir la valeur du premier terme, il faudra, en particularisant la fonction φ', écrire ux au lieu de y, et intégrer ensuite la quantité $e^{-\frac{x}{2u}}\varphi'(ux^2)\mathrm{d}x$, dans l'hypothèse de u constant.

Intégrons encore l'équation

$$x^2\partial_x^2 z + 2xy\,\partial_x\partial_y z + y^2\partial_y^2 z = M,$$

qui donne $P = \frac{2y}{x}$, $Q = \frac{y^2}{x^2}$, $V = \frac{M}{x^2}$, $q = q' = 0$,

$$p = p' = \frac{y}{x}, \quad u = u' = \frac{y}{x}; \quad \text{et à cause de } D_{p'}p = o,$$

on pourra appliquer ici la formule (55); donc

$$z = S_p^2 \left(\frac{M}{x^2}\right) + x\,\phi\left(\frac{y}{x}\right) + \phi'\left(\frac{y}{x}\right).$$

Soit $M = x^2\,\psi\left(\frac{y}{x}\right)$, l'expression précédente se réduira facilement à celle ci

$$z = x^2\,\psi\left(\frac{y}{x}\right) + x\,\phi'\left(\frac{y}{x}\right) + \phi\left(\frac{y}{x}\right),$$

le signe ψ désignant une fonction donnée.

26. Quoiqu'il n'entre pas dans notre plan d'aborder pour le moment l'intégration des équations des ordres supérieurs au second, nous allons néanmoins indiquer ici quelques équations de l'ordre n, qui sont susceptibles d'être intégrées facilement à l'aide des formules précédemment demontrées.

Considérons en premier lieu l'équation générale

$$\partial_x^n z + \alpha\,\partial_x^{n-1}\,\partial_y z + \beta\,\partial_x^{n-2}\,\partial_y^2 z \ldots. + \lambda\,\partial_y^n z = V, \qquad (71)$$

$\alpha, \beta \ldots.$, étant des coefficiens constans, et V une fonction de x et y.

Il est évident d'après la théorie des caractéristiques, qu'en représentant par $X + a_1$, $X + a_2$, $X + a_3, \ldots. X + a_n$, les n facteurs binomes du polynome

$$X^n + \alpha X^{n-1} + \beta X^{n-2} \ldots. + \lambda,$$

l'équation (71) pourra s'énoncer sous la forme simplifiée

$$D_{a_1} D_{a_2} D_{a_3} \ldots. D_{a_n} z = V;$$

d'où l'on déduira, en intégrant successivement par rapport à chacune des caractéristiques D

$$D_{a_2} D_{a_3} \ldots. D_{a_n} z = S_{a_1} V + \phi_1(y - a_1 x)$$

$$D_{a_3} \ldots. D_{a_n} z = S_{a_2} S_{a_1} V + \phi_1(y - a_1 x) + \phi_2(y - a_2 x),$$

et finalement

$$z = S_{a_1} S_{a_2} \dots S_{a_n} V + \Sigma_{a_1}^{a_n} \phi(y - ax),$$

le second terme de cette intégrale indiquant la somme des n fonctions arbitraires de $y - ax$, prise depuis $a = a_1$, jusqu'à $a = a_n$. Quant à la valeur du premier terme, on pourra toujours l'obtenir par les procédés exposés au premier §.

Dans le cas d'égalité des n quantités $a_1, a_2 \dots a_n$, la proposée conduisant alors à

$$(D_a)^n z = V, \tag{72}$$

son intégrale complète prendra la forme

$$z = S_a^n V + \phi_1(y - ax) + x\phi_2(y - ax) + x^2\phi_3(y - ax) \dots + x^{n-1}\phi_{n-1}(y - ax)$$

ainsi qu'il déjà été remarqué au n.° 4; la somme des n derniers termes n'exprimant autre chose que $S_a^n(0)$, ou la valeur complète de l'intégrale de l'équation (72) dégagée du terme V.

S'il n'y a qu'un nombre m de ces quantités égales à a, l'intégrale pourra alors être représentée simplement par l'expression

$$z = S_{a_1} S_{a_2} \dots S_{a_n} S_a^m V + S_a^m(0) + \Sigma_{a_1}^{a_{n-m}} \phi(y - ax).$$

Supposons maintenant qu'il s'agisse d'intégrer une équation de l'ordre n, susceptible d'être mise sous la forme

$$D_m^n z + \alpha D_m^{n-1} z + \beta D_m^{n-2} z \dots + \lambda z = V, \tag{73}$$

où m, α, $\beta \dots \lambda$ représentent encore des constantes. En laissant aux quantités $a_1, a_2 \dots a_n$, la même signification que ci-dessus, cette équation reviendra évidemment à celle ci

$$(D_m + a_1)(D_m + a_2) \dots (D_m + a_n) z = V. \tag{74}$$

Or, puisque l'équation

$$(D_m + a)t = V$$

a pour intégrale (n.° 7)

$$t = \left(\frac{1}{D_m + a}\right) V = e^{-ax} S_m e^{ax} V,$$

la fonction arbitraire $\phi(y - mx)$ étant comprise sous le signe S_m, il est aisé de voir, qu'en appliquant à l'équation (74), le procédé exposé au n.° 11 de notre mémoire sur l'intégration des équations linéaires à deux variables, on aura relativement à la proposée,

$$\begin{aligned} z = {} & A_1 e^{-a_1 x} S_m e^{a_1 x} V + A_2 e^{-a_2 x} S_m e^{a_2 x} V \ldots + A_n e^{-a_n x} S_m e^{a_n x} V \\ & + e^{-a_1 x} \phi_1 (y - mx) + e^{-a_2 x} \phi_2 (y - mx) \ldots + e^{-a_n x} \phi_n (y - mx); \quad (75) \end{aligned}$$

les coefficiens A_1, A_2 .... A_n ayant ici les mêmes valeurs que celles obtenues à l'endroit cité. Cette expression pourra être présentée encore sous la forme simplifiée

$$z = \Sigma A e^{-ax} S_m e^{ax} V + \Sigma e^{-ax} \phi(y - mx);$$

les signes Σ s'étendant depuis $A = A_1$ jusqu'à $A = A_n$, et depuis $a = a_1$ jusqu'à $a = a_n$, de sorte que chaque terme de la dernière valeur de z se compose de n expressions semblables. Au reste, il est presque inutile d'ajouter que tout ce qui a été rapporté aux n.ºs 14 et 15 du susdit mémoire, s'applique exactement à l'équation (74), en changeant seulement le signe $\int$ de l'intégration ordinaire en S_m.

27. On peut facilement établir une classe d'équations à coefficiens variables, susceptibles d'être ramenées à d'autres équations qui rentrent dans celles (71), (73) que nous venons de traiter.

En effet, si dans l'équation identique

$$D_p z = \partial_x z + p \partial_y z,$$

où p représente une fonction quelconque de x et y, on suppose que celle ci soit telle qu'il en résulte $u = p$ ($u = 0$, étant toujours l'intégrale de l'équation $dy - p dx = 0$), ou plus généralement, qu'on ait

$$p = \phi(u), \quad \text{donc } D_p p = 0,$$

on aura, en vertu de la formule (14) n.° 6.

$$D_p^2 z = D_p\, \partial_x z + p D_p\, \partial_y z = \partial_x^2 z + 2p\partial_x \partial_y z + p^2 \partial_y^2 z,$$

de même que si le coefficient p fut une constante; d'où l'on conclura sans peine l'expression générale

$$D_p^n z = \partial_x^n z + np\partial_x^{n-1}\partial_y z + \frac{n.\,n-1}{1.\,2} p^2 \partial_x^{n-2}\partial_y^2 z \ldots. + p^n \partial_y^n z.$$

Cela posé, à cause que l'équation $D_p p = 0$ est satisfaite en prenant $p = \frac{y}{x}$, ce qui donne $u = \frac{y}{x}$, il en résulte sur le champ que l'équation

$$x^n \partial_x^n z + nx^{n-1} y \partial_x^{n-1}\partial_y z + \frac{n.\,n-1}{1.\,2} x^{n-2} y^2 \partial_x^{n-2}\partial_y^2 z \ldots. + y^n \partial_y^n z = V, \quad (76)$$

qui, après avoir été divisée par x^n, revient à

$$D_p^n z = \frac{V}{x^n} = V',$$

aura pour intégrale première

$$D_p^{n-1} z = S_p V' + \phi\left(\frac{y}{x}\right),$$

pour intégrale seconde

$$D_p^{n-2} z = S_p^2 V' + \phi\left(\frac{y}{x}\right) + x\phi_1\left(\frac{y}{x}\right),$$

et ainsi de suite, d'où l'on tirera finalement (n.° 9)

$$z = S_p^n V' + \phi\left(\frac{y}{x}\right) + x\phi_1\left(\frac{y}{x}\right) + x^2\phi_2\left(\frac{y}{x}\right) \ldots. + x^{n-1}\phi_{n-1}\left(\frac{y}{x}\right). \quad (77)$$

Supposons à présent que la quantité V se compose de termes de la forme $X f\left(\frac{y}{x}\right)$, $Y F\left(\frac{y}{x}\right)$, X, Y étant respectivement des fonctions de x et de y, de sorte que l'on ait,

$$V = X f\left(\frac{y}{x}\right) + X_1 f_1\left(\frac{y}{x}\right) + X_2 f_2\left(\frac{y}{x}\right) + \text{etc.}$$
$$+ Y F\left(\frac{y}{x}\right) + Y_1 F_1\left(\frac{y}{x}\right) + Y_2 F_2\left(\frac{y}{x}\right) + \text{etc.}$$

il sera facile de s'assurer, à l'aide des formules (24) et (26), et en ayant égard à l'équation $\frac{Y}{x^n}F(\frac{y}{x}) = \frac{Y}{y^n}\cdot(\frac{y}{x})^n F(\frac{y}{x})$, que le premier terme de l'expression générale (77) aura pour valeur

$$S_p^n V' = f(\tfrac{y}{x})\int^n \frac{X}{x^n}\, dx^n + f_1(\tfrac{y}{x})\int^n \frac{X_1}{x^n}\, dx^n + \text{etc.}$$

$$+ F(\tfrac{y}{x})\int^n \frac{Y}{y^n}\, dy^n + F_1(\tfrac{y}{x})\int^n \frac{Y'}{y^n}\, dy^n + \text{etc.}$$

28. L'équation $$x^n D_p^n z = V,$$

donnant $$D_p^{n+1} z = D_p\left(\frac{V}{x^n}\right) = \frac{D_p V}{x^n} - \frac{nV}{x^{n+1}},$$

ou bien $$x^{n+1} D_p^{n+1} z = (x D_p - n) V, \qquad (78)$$

cette dernière relation va nous fournir le moyen de parvenir facilement à l'intégrale de l'équation générale

$$x^n D_p^n z + A x^{n-1} D_p^{n-1} z + B x^{n-2} D_p^{n-2} z \ldots + N z = V; \qquad (79)$$

A, B, C ...., désignant des constantes, et la fonction p étant égale à $\frac{y}{x}$.

Pour cela, posons $x = e^t$, $y = e^u$, d'où résulte $\frac{dx}{x} = dt$, $\frac{dy}{y} = du$,

$$x\partial_x z + y\partial_y z = \partial_t z + \partial_u z$$

donc $$x D_p z = D'_1 z, \qquad (80)$$

où la caractéristique D' se rapporte aux nouvelles variables t, u.

Or, si dans l'équation (78), on donne successivement à n les valeurs 1, 2, 3.... n, on en déduira, à l'aide de l'équation (80), les relations suivantes.

$$x D_p z = D'_1 z. \qquad x^3 D_p^3 z = D'_1(D'_1 - 1)(D'_1 - 2) z$$

$$x^2 D_p^2 z = D'_1(D'_1 - 1) z. \qquad x^4 D_p^4 z = D'_1(D'_1 - 1)(D'_1 - 2)(D'_1 - 3) z,$$

et en général

$$x^n D_p^n z = D'_1(D'_1-1)(D'_1-2)\dots(D'_1-n-1)z;$$

d'où l'on voit, qu'aprés avoir développé tous ces produits caractéristiques, la proposée (79) pourra toujours être ramenée à la forme suivante

$$D'^n_1 z + \alpha D'^{n-1}_1 z + \beta D'^{n-2}_1 z \dots + \lambda z = V;$$

équation dont les coefficiens ne contiennent aucune variable, et qui rentre par conséquent dans celle (73) intégrée dans le n.° précédent. On n'aura ainsi qu'à changer dans la formule (75) x en t, y en u, et ensuite e^t en x, e^u en y; de plus $\varphi(y-mx)$ devra être remplacé par $\varphi(u-t) = \varphi \log(\frac{y}{x}) = \varphi(\frac{y}{x})$. Effectuant ces substitutions, et observant d'ailleurs qu'il résulte de la relation (80),

$$\left(\frac{1}{D'_1}\right)V = S'_1 V = S_p \frac{V}{x},$$

il viendra pour la valeur de z, l'expression générale

$$z = A_1 x^{-a_1} S_p V x^{-a-1} + A_2 x^{-a_2} S_p V x^{-a_2-1} \dots + A_n x^{-a_n} S_p V x^{-a_n-1}$$
$$+ x^{-a_1}\varphi_1(\tfrac{y}{x}) + x^{-a_2}\varphi_2(\tfrac{y}{x}) \dots + x^{-a_n}\varphi_n(\tfrac{y}{x}). \quad (81)$$

On remarquera sans doute la parfaite analogie de cette dernière expression avec celle trouvée au n.° 26 du mémoire cité, pour l'intégrale complète de l'équation à deux variables

$$x^n \partial^n y + A x^{n-1} \partial^{n-1} y \dots + N y = V.$$

Il est facile d'ailleurs de s'assurer que les n premiers termes de la formule (81), et qui représentent une valeur particulière de z, pourront être remplacés par l'intégrale multiple

$$x^{-a_1} S_p x^{a_1-a_2-1} S_p x^{a_2-a_3-1} \dots S_p V x^{-a_n-1}$$

analogue à celle rapportée au même endroit.

En supposant les n quantités a_1, a_2, toutes égales à a, cette première partie de la valeur de z, prendra la forme

$$x^{-a}S_p \frac{1}{x} S_p \frac{1}{x} \ldots . S_p \frac{V}{x^{a+1}}.$$

Quant aux n autres termes qui doivent compléter l'intégrale, leur somme exprimera évidemment la valeur de z, vérifiant l'équation

$$(D'_1 + a)^n z = 0. \tag{82}$$

Pour intégrer celle ci, faisons $z = e^{-at}Z$, d'où l'on tire

$$(D'_1 + a)z = e^{-at}D'_1 Z,$$

partant $$(D'_1 + a)^n z = e^{-at}D'^n_1 Z.$$

Donc, si l'on prend $D'^n_1 Z = 0$, l'équation (82) sera satisfaite, ce qui exige (n.° 9) que l'on ait

$$Z = \phi(t-u) + t\,\phi_1(t-u) \ldots + t^{n-1}\phi_{n-1}(t-u).$$

Substituant maintenant les variables x, y, à l'aide des rélations $e^t = x$, $e^u = y$, on obtiendra pour la somme des n termes dont il s'agit, l'expression

$$x^{-a}\left\{\phi(\tfrac{y}{x}) + (\mathrm{l}\,x)\,\phi_1(\tfrac{y}{x}) + (\mathrm{l}\,x)^2\phi_2(\tfrac{y}{x}) \ldots + (\mathrm{l}\,x)^{n-1}\phi_{n-1}(\tfrac{y}{x})\right\}.$$

Si la fonction V se compose de termes de la forme $Xf(\frac{y}{x})$, $YF(\frac{y}{x})$, on opérera comme dans le n.° 27, afin de changer les opérations indiquées par S_p, en intégrations ordinaires par rapport à l'une des variables x ou y. Remarquons encore que, d'après la nature de la fonction p, on pourra permuter les variables x et y dans tous les résultats auxquels nous venons de parvenir relativement aux équations (76), (79) (*).

(*) Le 5me volume des *Melanges de la société royale de Turin*. (années 1770 à 1773) p. 72, contient des recherches de *Monge* sur l'intégration des mêmes équations. En comparant la marche suivie par cet illustre géomètre à celle exposée ci-dessus, et qui nous a conduit aux mêmes résultats, sans recourir à des opérations prolixes, on ne pourra manquer de reconnaitre la supériorité de notre procédé d'intégration, sous le rapport de la simplicité des opérations analytiques.

§ 3. *Intégration des équations différentielles par des intégrales définies.*

29. L'application de l'analyse à la physique et à la mécanique conduit le plus souvent à des équations différentielles partielles qui n'admettent pas d'intégration immédiate. On sait que, dans ce cas, leurs intégrales complètes ne peuvent s'exprimer en général qu'au moyen de séries infinies, contenant des termes multipliés par les coefficiens différentiels des fonctions arbitraires, mais dont la loi n'est pas toujours facile à entrevoir. C'est au génie fécond d'*Euler* qu'on doit les premières tentatives pour exprimer plus commodément ces sortes de séries par des intégrales définies, d'où résulte en même tems l'avantage de parvenir promptement à la détermination des fonctions arbitraires, d'après les circonstances présentées par la question. Depuis, cette nouvelle branche de l'analyse s'est trouvée enrichie de plusieurs résultats importans. Cependant, malgré les succès déjà obtenus par les premiers géomètres modernes, les équations susceptibles d'être soumises aux méthodes proposées jusqu'ici, ne forment encore qu'une faible partie de celles qu'on sait intégrer par d'autres moyens, ce qui prouve assez la difficulté de la matière. Il semble donc que la recherche de méthodes générales et uniformes reste toujours un objet digne d'exercer l'esprit des géomètres.

L'essai que je présente sur cette matière, et qui ne s'étend pour le moment qu'aux équations du second ordre, est sans doute loin de pouvoir suppléer à l'imperfection des méthodes actuelles. Mais on en aura du moins une nouvelle preuve de l'importance de la théorie des caractéristiques, celle ci offrant encore un puissant auxilaire pour simplifier les recherches dont il s'agit; et l'on reconnaîtra en même temps que les progrès futurs dans cette branche moderne du calcul intégral, marcheront de pair avec ceux que l'on réussira à faire dans l'intégration analogue des équations linéaires aux différentielles totales, par suite de la liaison intime que la théorie des caractéristiques établit entre ces deux parties de la science, traitées jusqu'ici par des méthodes tout à fait diverses; liaison qui ne semble avoir été remarquée jusqu'ici, et qui forme presque la base de la méthode que je vais exposer. Je n'ai eu en vue que d'indiquer une nouvelle route analytique, propre à conduire plus promptement aux résultats déjà connus; d'autres géomètres pourront y puiser de nouvelles ressources pour étendre ma théorie à d'autres équations moins faciles à intégrer sous forme finie, et qui échappent aux méthodes ordinaires.

Pour plus de simplicité, je commencerai encore par considérer en premier lieu le cas particulier où les coefficiens des divers termes de l'équation différentielle sont des constantes, en supposant en outre que cette équation ne contienne aucun terme fonction seulement des variables indépendantes. Mais avant de traiter ce cas d'une manière générale, j'ai cru utile d'appliquer d'abord ma méthode d'intégration à une équation très simple, afin d'en faire mieux saisir le véritable esprit, et de faciliter par là l'intelligence du procédé plus général.

30. Soit donc à intégrer l'équation du second ordre déjà traitée dans le n.° 16

$$\partial_x^2 z - a^2 \partial_y^2 z = 0, \qquad (83)$$

et qui pourra s'énoncer sous la forme

$$(\partial_x + a\partial_y)(\partial_x - a\partial_y)z = 0.$$

Comparons à celle ci l'équation analogue à deux variables z, x

$$(\partial + a)(\partial - a)z = 0,$$

ou, ce qui revient au même

$$\partial^2 z - a^2 z = 0, \qquad (84)$$

dont l'intégrale complète s'exprime par

$$z = Ae^{ax} + Be^{-ax}.$$

Si l'on suppose la quantité z fonction de deux variables x, y, il est évident que la valeur précédente se changera en

$$z = e^{ax}\varphi(y) + e^{-ax}\psi(y),$$

pour l'intégrale complète de l'équation aux différentielles partielles

$$\partial_x^2 z - a^2 z = 0.$$

Remplaçons maintenant la constante a par la caractéristique $a\partial_y$, ce qui transformera la dernière équation en celle (83), dont l'intégrale deviendra en conséquence

$$z = e^{ax\partial_y}\psi(y) + e^{-ax\partial_y}\varphi(y).$$

Or, puisqu'en vertu de la théorie des caractéristiques, l'expression $e^{ax\partial_y}\varphi(y)$, est identique avec $\varphi(y+ax)$, il s'en suit que la valeur de z revient effectivement à

$$z = \varphi(y+ax) + \psi(y-ax),$$

ainsi que nous l'avions déjà trouvé au n.° 16, en suivant une marche différente.

Il est facile de voir que par un changement convenable des constantes A, B, l'intégrale de l'équation (84) peut s'exprimer encore ainsi qu'il suit

$$z = \mathrm{A}(e^{ax} - e^{-ax}) + \mathrm{B}(e^{ax} + e^{-ax}),$$

et sous cette nouvelle forme, le second terme énoncera précisément le coefficient différentiel du premier, multiplié par une constante. Observons de plus que ce premier terme exprime la valeur de l'intégrale définie

$$\mathrm{A}\int_0^\pi e^{ax\cos\alpha}\, x\sin\alpha\, d\alpha.$$

Par conséquent, la valeur de z intégrale de l'équation (84), se changera en

$$z = \mathrm{A}\int_0^\pi e^{ax\cos\alpha}\, x\sin\alpha\, d\alpha + \mathrm{A}'\partial_x\int_0^\pi e^{ax\cos\alpha}\, x\sin\alpha\, d\alpha;$$

d'où l'on conclut immédiatement que l'équation à trois variables

$$\partial_x^2 - a^2 z = 0,$$

aura pour intégrale complète

$$z = \int_0^\pi e^{ax\cos\alpha}\,\varphi(y)\,x\sin\alpha\,d\alpha + \partial_x \int_0^\pi e^{ax\cos\alpha}\,\psi(y)\,x\sin\alpha\,d\alpha.$$

Or, en écrivant dans celle ci, $a\partial_y$ au lieu de la constante a, on en déduira de suite, eu égard à l'équation identique

$$e^{ax\partial_y}\varphi(y) = \varphi(y + ax),$$

l'expression

$$z = \int_0^\pi \varphi(y + ax\cos\alpha)\,x\sin\alpha\,d\alpha + \partial_x \int_0^\pi \psi(y + ax\cos\alpha)\,x\sin\alpha\,d\alpha.$$

pour l'intégrale complète de l'équation

$$\partial_x^2 z - a^2\partial_y^2 z = 0,$$

31. Passons maintenant à l'équation générale du second ordre

$$\partial_x^2 z + A\partial_y\partial_x z + B\partial_y^2 z + C\partial_x z + D\partial_y z + Ez = 0, \qquad (85)$$

susceptible, d'apres ce qui a été exposé au n.° 17, d'être mise sous la forme plus simple

$$(D_a + n)(D_{a'} + n)z + (E - nn')z = 0,$$

a, a', n, n' ayant les valeurs énoncées à l'endroit cité.

Supposons en premier lieu qu'elle puisse admettre une intégrale première, c'est-à-dire, qu'on ait l'équation $E - nn' = 0$, ce qui réduira la proposée à

$$(D_a + n)(D_{a'} + n')z = 0$$

Nous allons montrer qu'il est toujours possible de ramener l'équation précédente à celle de la forme

$$D_a D_{a'} t = 0.$$

En effet, posons d'abord $z = e^{-nx}z'$, on en tirera (n.° 17.)

$$D_a D_{a'} z' + (n' - n) D_a z' = 0.$$

Soit maintenant $z' = e^p t$, p étant une fonction de x, y, qui donne $D_a p = 0$; on trouvera sans peine que cette dernière équation se changera alors en

$$D_a D_{a'} t + (n' - n + D_{a'} p) D_a t = 0.$$

Or, en prenant pour p une fonction telle qu'il en résulte en même tems $D_{a'} p = n - n'$, le terme affecté de $D_a t$ disparaîtra de l'équation précédente; et il est aisé de s'assurer que la valeur

$$p = \frac{n' - n}{a - a'}(y - ax),$$

satisfera aux deux conditions que nous venons d'énoncer, de sorte que la supposition

$$z = e^{-nx} z' = z = e^{p - nx} t = t\, e^{\frac{(n' - n)y + (a'n - an')x}{a - a'}},$$

réduira la proposée à la forme simplifiée

$$D_a D_{a'} t = 0,$$

identique avec celle ci

$$(\partial_x + a\partial_y)(\partial_x + a'\partial_y) t = 0. \qquad (86)$$

Observons à présent que l'équation analogue à deux variables t, x,

$$(\partial + m)(\partial + m') t = 0$$

ayant pour intégrale

$$t = A e^{-mx} + A' e^{-m'x},$$

celle ci nous donnera immédiatement pour l'intégrale complète de l'équation à trois variables t, x, y,

$$(\partial_x + m)(\partial_x + m') t = 0, \qquad (87)$$

l'expression

$$t = e^{-mx}\phi(y) + e^{-m'x}\psi(y).$$

Posons $m=\alpha+\beta$ et $m'=\alpha-\beta$, cette dernière valeur de t se changera en

$$t=e^{-\alpha x}\{e^{\beta x}\varphi(y)+e^{-\beta x}\psi(y)\};$$

expression que l'on pourra transformer encore en celle ci

$$t=e^{-\alpha x}\{(e^{\beta x}-e^{-\beta x})\,\varphi(y)+\beta(e^{\beta x}+e^{-\beta x})\psi(y)\},$$

et d'où l'on déduira enfin, comme dans le n.° 30,

$$t=e^{-\alpha x}\left\{\int_0^\pi e^{\beta x\cos\omega}\varphi(y)x\sin\omega\, d\omega+\partial_x\int_0^\pi e^{\beta x\cos\omega}\psi(y)x\sin\omega\, d\omega\right\}.$$

Pour appliquer ce résultat à l'équation (86), il ne s'agira que d'y remplacer m par $a\partial_y$ et m' par $a'\partial_y$, ce qui revient à faire

$$\alpha=(\tfrac{a+a'}{2})\partial_y=a_1\partial_y \quad\text{et}\quad \beta=(\tfrac{a-a'}{2})\partial_y=a_1\partial_y.$$

Ces substitutions donneront pour le premier terme de la valeur de t, lequel nous désignerons par t'

$$t'=e^{-a_1x\partial_y}\int_0^\pi\varphi(y+a_1x\cos\omega)\,x\sin\omega\, d\omega,$$

ou bien $$t'=\int_0^\pi\varphi\{y+(a_1\cos\omega-a_1)x\}\,x\sin\omega\, d\omega.$$

Le second terme t'' aura pour expression

$$t''=\partial_x\int_0^\pi\psi(y+a_1x\cos\omega)\,x\sin\omega\, d\omega,$$

en observant de changer y en $y-a_1x$, après avoir effectué la différentiation par rapport à la variable x.

Si dans l'équation (87) on change m en $a\partial_y+n$ et m' en $a'\partial_y+n'$ l'intégrale

$$t=e^{-mx}\varphi(y)+e^{-m'x}\psi(y),$$

fournira sur le champ

$$t = e^{-nx}\, e^{-ax\partial_y}\varphi(y) + e^{-n'x}\, e^{-ax\partial_y}\psi(y),$$

ou, ce qui revient au même

$$t = e^{-nx}\varphi(y - ax) + e^{-n'x}\psi(y - a'x),$$

pour l'intégrale complète de l'équation

$$(\partial_x + a\partial_y + n)(\partial_x + a'\partial_y + n')t = (\mathrm{D}_a + n)(\mathrm{D}_{a'} + n')t = 0,$$

ainsi que nous l'avions déjà trouvé au n.° 17 en suivant une marche très différente. On voit par ce qui précède, comment l'intégration des équations linéaires aux différentielles partielles et à coefficiens constans peut se déduire facilement de celle des équations de même espèce aux différentielles totales. Cette remarque sera d'ailleurs pleinement confirmée par le procédé que nous allons développer maintenant pour obtenir l'intégrale sous forme finie de l'équation générale (85), lorsqu'elle n'admet pas d'intégration immédiate.

32. Faisons $\mathrm{E} = nn' - k^2$, cette équation qui devient alors

$$(\mathrm{D}_a + n)(\mathrm{D}_{a'} + n')z - k^2 z = 0,$$

pourra, ainsi qu'il a été indiqué au n.° précédent, se ramener à la forme simplifiée

$$\mathrm{D}_a \mathrm{D}_{a'} t - k^2 t = 0, \tag{88}$$

en supposant $z = e^{\alpha x + \beta y} t$, et mettant pour abréger

$$\alpha = \frac{a'n - an'}{a - a'} = \frac{\mathrm{BC} - \mathrm{AD}}{(a - a')^2} = \frac{\mathrm{BC} - \mathrm{AD}}{\mathrm{A}^2 - 4\mathrm{B}},$$

$$\beta = \frac{n' - n}{a - a'} = \frac{2\mathrm{D} - \mathrm{AC}}{(a - a')^2} = \frac{2\mathrm{D} - \mathrm{AC}}{\mathrm{A}^2 - 4\mathrm{B}},$$

en vertu des relations trouvées au n.° 17; on aura en outre entre les coefficiens α, β, la relation

$$\alpha + \beta a + n = 0.$$

Comparons à l'équation (88) celle du second ordre aux variables t, x

$$((\partial + m)(\partial + m') - k^2)t = 0,$$

dont l'intégrale complète s'exprime, comme l'on sait, par

$$t = e^{-(\frac{m+m'}{2})x}\left\{Ae^{x\sqrt{(\frac{m-m'}{2})^2+k^2}} + Be^{-x\sqrt{(\frac{m-m'}{2})^2+k^2}}\right\},$$

ou bien, en suivant la marche indiquée au n.° 31,

$$t = e^{-(\frac{m+m'}{2})x}\left\{A\int_0^\pi e^{x\cos\omega\sqrt{(\frac{m-m'}{2})^2+k^2}}x\sin\omega\, d\omega\right.$$

$$\left.+ B\partial_y\int_0^\pi e^{x\cos\omega\sqrt{(\frac{m-m'}{2})^2+k^2}}x\sin\omega\, d\omega\right\}.$$

Il faudra de même remplacer dans cette dernière expression m et m', par $a\partial_y$ et $a'\partial_y$, ce qui fournira pour l'intégrale cherchée,

$$t = e^{-a_1x\partial_y}\left\{\int_0^\pi e^{x\cos\omega\sqrt{a_2\partial_y^2+k^2}}\varphi(y)\, x\sin\omega\, d\omega\right.$$

$$\left.+ \partial_x\int_0^\pi e^{x\cos\omega\sqrt{a_2\partial_y^2+k^2}}\psi(y)\, x\sin\omega\, d\omega\right\}, \qquad (89)$$

a_1 étant égal à $\frac{a+a'}{2}$, et a_2 à $\frac{a-a'}{2}$.

L'intégrale définie qui entre dans le résultat précédent, contenant une fonction caractéristique soumise au radical, il deviendra nécessaire de lui donner une autre forme qui soit rationelle, afin de pouvoir l'appliquer aux fonctions arbitraires qui en sont affectées.

A cet effet, nous allons partir d'un théorème remarquable sur la réduction des intégrales doubles, demontré par M. *Poisson*, à l'aide de considérations géométriques (*). En désignant par g, h, k trois quantités constantes, la double intégrale

$$\iint\varphi(g\cos u + h\sin u\sin v + k\sin u\cos v)\sin u\, du\, dv,$$

prise entre les limites $u=0$, $u=\pi$ et $v=0$, $v=2\pi$ sera équivalente,

(*) Mémoires de l'académie des sciences, année 1818, pag. 126.

quelle que soit la fonction ϕ, à

$$2\pi\int_0^\pi \phi(\sqrt{g^2+h^2+k^2}\cos\omega)\sin\omega\, d\omega.$$

Si l'on suppose $\phi(x)=e^x$, $h=0$, qu'on change g et k en gx et kx, le théorème dont il s'agit conduira à la relation

$$2\pi\int_0^\pi e^{x\cos\omega\sqrt{g^2+k^2}}\, x\sin\omega\, d\omega=\iint e^{x(g\cos u+k\sin u\cos v)}\, x\sin u\, du\, dv\,;$$

d'où l'on voit, que l'intégrale caractéristique qui entre dans la formule (89), est susceptible d'être remplacée par la double intégrale

$$\frac{1}{2\pi}\iint e^{x(k\sin u\sin v+a_1\cos u\partial_y)}x\sin u\, du\, dv,$$

prise entre les mêmes limites que ci dessus.

Substituant cette nouvelle expression, on trouvera aisément que le premier terme de l'intégrale (89) se réduit, d'après la théorie des caractéristiques à

$$t'=\iint e^{kx\sin u\sin v}\phi\{y+(a_1\cos u-a_1)x\}\, x\sin u\, du\, dv,$$

le facteur $\frac{1}{2\pi}$ étant compris dans la fonction arbitraire; et le second terme à

$$t''=\partial_x\iint e^{kx\sin u\sin v}\psi(y+a_1x\cos u)\, x\sin u\, du\, dv$$

pourvu qu'on change y en $y-a_1x$, après avoir effectué la différentiation par rapport à x.

Dans le cas où $k=0$, les deux expressions précédentes rentrent dans celles déjà obtenues ci dessus (n.° 31); et, en supposant $a+a'=0$ l'équation à intégrer deviendra

$$\partial_x t-a^2\partial_y^2 t-k^2 t=0, \tag{90}$$

on trouvera alors, à cause de $a_1 = 0$, $a_1 = a$, pour l'intégrale de cette dernière équation

$$t = \iint e^{kx \sin u \sin v} \varphi(y + ax \cos u)\, x \sin u\, du dv$$
$$+ \partial_x \iint e^{kx \sin u \sin v} \psi(y + ax \cos u)\, x \sin u\, du dv,$$

résultat qui coincide parfaitement avec celui obtenu par M. *Poisson*, d'une manière moins directe (*). C'est à l'intégration de l'équation (90) que cet illustre géomètre ramène celle de l'équation générale du second ordre (85). Mais il ne nous sera pas difficile de faire voir qu'il est toujours possible de réduire encore l'équation (85) à la forme trés simple

$$\partial_u \partial_v t = c^2 t,$$

Pour cela, changeons les variables x, y, en d'autres u, v, telles qu'on ait les relations

$$u = ax - y. \qquad v = y - a'x;$$

d'où l'on tirera

$$\partial_x t = a\partial_u t - a'\partial_v t. \qquad \partial_y t = \partial_v t - \partial_u t,$$

partant $\quad \mathrm{D}_a t = (a-a')\partial_v t. \qquad \mathrm{D}_{a'} t = (a-a')\partial_u t$

donc $\quad \mathrm{D}_{a'} \mathrm{D}_a t = (a-a')\partial_u \mathrm{D}_a t = (a-a')^2 \partial_a \partial_v t,$

ce qui transforme l'équation (88) en celle ci

$$\partial_u \partial_v t - c^2 t = 0, \tag{91}$$

c étant égal à $\frac{k}{a-a'}$.

On trouve en outre, à l'aide des relations adoptées ci-dessus

$$x = \frac{u+v}{a-a'}. \qquad y = \frac{av + a'u}{a-a'}.$$

$$y - a_1 x = \frac{v-u}{2}. \qquad a_2 x = \frac{u+v}{2}.$$

(*) Mémoires cités, pag. 164.

Substituant ces valeurs dans celles de t' et t'' données ci-dessus, on pourra obtenir sous forme finie l'intégrale de l'équation (91) qui ne semble avoir été exprimée jusqu'ici qu'au moyen du développement en série. Si, pour abréger, on fait encore $v+u=x_1$, $v-u=x_2$, on trouvera directement pour l'intégrale dont il s'agit, la formule

$$t=\iint e^{cx_1\sin\alpha\cos\beta}\varphi(x_2+x_1\cos\alpha)\,x_1\sin\alpha\,d\alpha\,d\beta$$
$$+\partial_{x_1}\iint e^{cx_1\sin\alpha\cos\beta}\psi(x_2+x_1\cos\alpha)\,x_1\sin\alpha\,d\alpha\,d\beta;$$

les intégrales étant prises entre les limites $\alpha=0$, $\alpha=\pi$ et $\beta=0$, $\beta=2\pi$.

33. Considérons en particulier l'équation

$$\partial_y z=a\partial_x^2 z+b\partial_x z+cz. \tag{92}$$

à laquelle se réduit notre équation générale, en y supposant

$$A=0.\quad B=0.\quad C=\frac{b}{a}.\quad D=-\frac{1}{a}.\quad E=\frac{c}{a}.$$

Il ne paraît pas possible de dériver son intégrale de celle obtenue pour le cas général, à cause que les quantités n, n', k deviennent infinies. Mais voici un procédé assez simple pour parvenir à l'expression sous forme finie de l'intégrale cherchée.

Désignons la fonction caractéristique $a\partial_x^2+b\partial_x+c$ par la constante A, la proposée pourra s'énoncer alors ainsi qu'il suit:

$$\partial_y z-Az=0;$$

équation dont l'intégrale est évidemment

$$z=e^{Ay}\varphi(x),$$

et en remplaçant A par son expression caractéristique, il viendra

$$z=e^{(a\partial_x^2+b\partial_x+c)y}\varphi(x)=e^{cy}\,e^{ay\partial_x^2}\varphi(x+by).$$

Or, puisque nous avons déjà trouvé ailleurs, (*) l'équation identique

(*) Mémoire sur la théorie des caractéristiques, pag. 58.

$$e^{y\partial_x^2}\varphi(x) = \frac{1}{\sqrt{\pi}}\int_{-\infty}^{\infty} e^{-\alpha^2}\varphi(x + 2\alpha\sqrt{y})d\alpha,$$

l'expression de z se transformera immédiatement en celle ci

$$z = e^{cy}\int_{-\infty}^{\infty} e^{-\alpha^2}(x + by + 2\alpha\sqrt{ay})d\alpha; \tag{93}$$

le facteur $\frac{1}{\sqrt{\pi}}$ étant compris dans la fonction arbitraire.

En supposant $b = 0$, $c = 0$, on tombera sur la formule

$$z = \int_{-\infty} e^{-\alpha^2}\varphi(x + 2\alpha\sqrt{ay})d\alpha,$$

intégrale de l'équation

$$\partial_y z = a\partial_x^2 z,$$

ainsi qu'il a été trouvé pour la première fois par *Laplace*

Si l'on écrit y au lieu de ay et ax au lieu de x, on en déduira pour l'intégrale de l'équation

$$\partial_x^2 z = a^2\partial_y z. \tag{94}$$

$$z = \int_{-\infty}^{\infty} e^{-\alpha^2}\varphi(ax + 2a\sqrt{y})d\alpha.$$

L'équation (94) est du genre de celles qui, quoique s'élévant au second ordre, ne comportent cependant qu'une seule fonction arbitraire. Mais on peut parvenir, ainsi qu'il suit, à un développement de son intégrale, contenant explicitement deux fonctions arbitraires.

En effet, l'équation à trois variables x, y, z,

$$\partial_x^2 z = \alpha^2 z,$$

ayant pour intégrale complète

$$z = (e^{\alpha x} + e^{-\alpha x})\,\varphi(y) + (e^{\alpha x} - e^{-\alpha x})\,\psi(y),$$

la substitution de la caractéristique $a\partial_y^{\frac{1}{2}}$ à la constante a, fournira immédiatement pour l'intégrale de l'équation (94)

$$z = (e^{ax\partial_y^{\frac{1}{2}}} + e^{-ax\partial_y^{\frac{1}{2}}})\,\phi(y) + (e^{ax\partial_y^{\frac{1}{2}}} - e^{-ax\partial_y^{\frac{1}{2}}})\,\psi(y).$$

Développant les caractéristiques exponentielles qui affectent les deux fonctions arbitraires, il viendra, en mettant $\partial^{\frac{1}{2}}\psi(y) = \phi_1(y)$

$$z = \phi(y) + \frac{a^2x^2}{1.2}\partial\phi(y) + \frac{a^4x^4}{1.2.3.4}\partial^2\phi(y) + \text{etc.}$$

$$+ ax\,\phi_1(y) + \frac{a^3x^3}{2.3}\partial\phi_1(y) + \frac{a^5x^5}{2.3.4.5}\partial^2\phi_1(y) + \text{etc.}$$

D'après une remarque faite par M. *Poisson*, ce dernier développement peut être transformé en un autre qui ne contienne qu'une seule fonction arbitraire de x, et qui s'accordera alors avec celle qu'on obtient directement par l'intégration de l'équation proposée, en donnant à celle ci la forme

$$\partial_y z - \frac{1}{a^2}\partial_x^2 z = 0,$$

savoir

$$z = e^{\frac{y\partial_x^2}{a^2}}\phi(x) = \phi(x) + \frac{y}{a^2}\partial^2\phi(x) + \frac{1}{1.2}\frac{y^2}{a^4}\partial^4\phi(x) + \text{etc.}$$

34. La méthode que nous venons d'exposer s'applique avec le même succès à une classe d'équations du second ordre, dont les coefficiens sont des fonctions d'une seule des deux variables indépendantes. Une des plus simples de ce genre est celle ci

$$\partial_y^2 z = a^2\left(\frac{1}{x}\partial_x z + \frac{b}{x^2}z\right),$$

qui se ramène immédiatement à

$$\partial_t^2 z = \frac{1}{x}\partial_x z + \frac{b}{x^2}z, \qquad (95)$$

en y faisant $ay = t$.

Si l'on substitue la constante k à la caractéristique ∂_t, il ne s'agira d'abord que d'intégrer l'équation du premier ordre à deux variables

$$\partial_x z + \frac{b}{x} z = k^2 x z;$$

d'où l'on tire
$$\frac{\partial z}{z} = k^2 x - \frac{b}{x},$$

et en intégrant
$$z = Cx^{-b} e^{\frac{1}{2}k^2 x^2},$$

ce qui fournira pour l'intégrale de la proposée,

$$z = x^{-b} e^{\frac{1}{2}x^2 \partial_t^2} \varphi(t), \tag{96}$$

ou bien, en opérant comme dans le n.° 33.

$$z = x^{-b} \int_{-\infty}^{\infty} e^{-\alpha^2} \varphi(ay + \alpha x \sqrt{2}) d\alpha,$$

intégrale qui ne comporte de même qu'une seule fonction arbitraire.

L'équation (95) conduit à celle ci

$$\partial_t^2 z + 2m\, \partial_t z = \frac{1}{x} \partial_x z + \left(\frac{b}{x^2} - m^2\right) z,$$

en y écrivant $\partial_t + m$ à la place de ∂_t. La même substitution étant effectuée dans l'intégrale (96), il en résultera

$$\begin{aligned} z &= x^{-b} e^{\frac{1}{2}m^2 x^2} e^{\frac{x^2}{2}\partial_t^2 + m x^2 \partial_t} \varphi(t) \\ &= x^{-b} e^{\frac{1}{2}m^2 x^2} e^{\frac{x^2}{2}\partial_t^2} \varphi(t + m x^2) \\ &= x^{-b} e^{\frac{1}{2}m^2 x^2} \int_{-\infty}^{\infty} e^{-\alpha^2} \varphi(t + m x^2 + \alpha x \sqrt{2}) dx. \end{aligned}$$

Si l'on remplace en outre t par ay, on obtiendra pour l'intégrale de l'équation

$$\partial_y^2 z + 2ma\,\partial_y z = a^2\left\{\frac{1}{x}\,\partial_x z + \left(\frac{b}{x^2} - m^2\right)z\right\},$$

$$z = x^{-b}\,e^{\frac{1}{2}m^2x^2}\int_{-\infty}^{\infty} e^{-\alpha^2}\phi(ay+mx^2+\alpha x\sqrt{2})\,d\alpha.$$

35. Occupons nous maintenant de l'équation

$$\partial_y^2 z = a^2\left\{\partial_x^2 z + \frac{\alpha}{x}\,\partial_x z + \frac{\beta}{x^2}\,z\right\},$$

qui se présente dans plusieurs recherches de physique mathématique, et dont *Euler* a fait l'objet d'un travail très étendu, inseré dans les anciens mémoires de l'académie de Turin (Tom. III. pag. 60). On lui doit l'expression de l'intégrale de cette équation, au moyen d'une série infinie, susceptible de devenir finie dans quelques cas particuliers. M. *Poisson* a montré le premier que cette série peut être transformée en une intégrale définie, et il a ajouté en même tems plusieurs remarques importantes relatives à l'intégrale obtenue de cette manière (*). Mais on va voir qu'il n'est pas nécessaire de chercher d'abord l'intégrale en série, pour en déduire ensuite son expression sous la forme d'une intégrale définie; ce qui offre un grand avantage dans plusieurs équations où il serait moins facile de reconnaître la loi qui lie entre eux les divers coefficiens des termes de la série.

En posant comme ci-dessus $ay = t$, la proposée se réduit d'abord à

$$\partial_t^2 z = \partial_x^2 z + \frac{\alpha}{x}\,\partial_x z + \frac{\beta}{x^2}\,z. \tag{97}$$

Considérons séparément l'équation analogue à deux variables

$$\partial^2 z + \frac{\alpha}{x}\,\partial z + \frac{\beta}{x^2}\,z = A^2 z, \tag{98}$$

(*) *Journal de l'École polyt.* XIX Cahier pag. 215. Je crois devoir rappeler ici que déjà M. *Cardinali*, dans un mémoire intitulé *Sul calcolo integrale delle equazioni di differenze parziali*, Bologne 1807 (pag. 15), avait donné l'expression sous forme finie de la même intégrale, lorsqu'on a $\beta = \alpha$. Cependant le résultat obtenu par ce géomètre, contenant des doubles intégrales indéfinies, paraît peu propre aux applications.

où A indique une constante. Faisons y disparaître le terme affecté de z. Pour cela soit $z = ux^n$; cette substitution changera la dernière équation en

$$\partial^2 u + \left(\frac{2n+\alpha}{x}\right)\partial u + \left(\frac{n(n-1)+n\alpha+\beta}{x^2}\right) u = A^2 u. \qquad (99)$$

Le terme affecté de u s'évanouira, en prenant l'exposant n tel qu'il satisfasse à l'équation du second degré

$$n^2 + (\alpha - 1)n + \beta = 0,$$

ce qui donnera pour n, les deux valeurs

$$n = \frac{1-\alpha}{2} \pm \sqrt{\left\{\left(\frac{1-\alpha}{2}\right)^2 - \beta\right\}}.$$

Si, pour abréger, l'on fait encore $2n + \alpha = 2k$, l'équation (99) se réduira à

$$\partial^2 u + \frac{2k}{x}\partial u = A^2 u, \qquad (100)$$

et les valeurs correspondantes de k, seront

$$k_1 = \frac{1}{2} + \sqrt{\left\{\left(\frac{1-\alpha}{2}\right)^2 - \beta\right\}}$$

$$k_2 = \frac{1}{2} - \sqrt{\left\{\left(\frac{1-\alpha}{2}\right)^2 - \beta\right\}}.$$

Pour que ces valeurs ne deviennent pas imaginaires, il faut que β soit une quantité négative, ou bien que, β étant positif, on ait $1-\alpha > 2\sqrt{\beta}$; il est évident d'ailleurs que k_1, k_2, exprimeront les deux racines de l'équation

$$k(k-1) = m;$$

m représentant la quantité $\frac{\alpha^2}{4} - \frac{\alpha}{2} - \beta = \frac{\alpha}{2}\left(\frac{\alpha}{2} - 1\right) - \beta$.

Cherchons maintenant la valeur de u, au moyen d'une intégrale définie; c'est à quoi l'on parviendra sans peine, en appliquant ici la belle méthode d'intégration due au célèbre *Laplace* (*).

(*) Théorie analytique des probabilités, pag. 110.

Supposons en conséquence $u = \int e^{px} \mathrm{P} dp$, P exprimant une fonction seulement de p, et l'intégrale étant prise entre deux limites qu'il s'agit de déterminer. On tire directement de cette valeur de u

$$\partial u = \int e^{px} \mathrm{P} p \, dp. \qquad \partial^2 u = \int e^{px} \mathrm{P} p^2 \, dp$$

$$x \partial^2 u = \int e^{px} \mathrm{P} p^2 x \, dp = \int \mathrm{P} p^2 \, \partial_p e^{px} dp$$

$$= e^{px} \mathrm{P} p^2 - \int e^{px} d\,(\mathrm{P} p^2).$$

On trouvera par une opération analogue

$$xu = e^{px} \mathrm{P} - \int e^{px} d\mathrm{P}.$$

Donc l'équation (100) qui revient à

$$x(\partial^2 u - \mathrm{A}^2 u) + 2k \, \partial u = 0,$$

se transformera en celle ci

$$e^{px} \mathrm{P}\,(p^2 - \mathrm{A}^2) + \int e^{px} dp \{ 2k\mathrm{P}p + \mathrm{A}^2 \partial \mathrm{P} - \partial(\mathrm{P}p^2) \} = 0. \quad (101)$$

En égalant à zéro la partie soumise au signe intégral, il en résultera, pour déterminer la fonction P, l'équation différentielle

$$2k \, \mathrm{P} p + (\mathrm{A}^2 - p^2) \partial \mathrm{P} - 2 \mathrm{P} p = 0,$$

d'où $$\frac{d\mathrm{P}}{\mathrm{P}} = \frac{2(1-k) p \, dp}{\mathrm{A}^2 - p^2}$$

et en intégrant $$\mathrm{P} = \mathrm{C}\,(\mathrm{A}^2 - p^2)^{k-1}.$$

Substituant cette valeur de P dans l'équation aux limites

$$e^{px} \mathrm{P}(p^2 - \mathrm{A}^2) = 0,$$

on en déduira $$e^{px} (p^2 - \mathrm{A}^2)^k = 0.$$

Donc, en supposant l'exposant $k > 0$, les limites de l'intégrale seront $p = \mathrm{A}$ et $p = -\mathrm{A}$, et l'on aura ainsi

$$u = C\int_{-A}^{A} e^{px}(A^2 - p^2)^{k-1}dp.$$

Si l'exposant k devient négatif, les limites dont il s'agit cesseront d'être applicables alors. Or, les deux valeurs de k étant positives tant que α et β le seront également, on pourra dans cette dernière hypothèse employer ici l'intégrale définie que nous venons d'obtenir pour u.

Cette intégrale prendra une forme plus appropriée à notre but, en y faisant $p = A\cos\omega$, ce qui changera ses limites en $\omega = 0$ et $\omega = \pi$; nous en tirerons alors pour l'intégrale cherchée

$$u = C\int_0^{\pi} e^{Ax\cos\omega}\sin^{2k-1}\omega\, d\omega. \qquad (102)$$

Et puisqu'on satisfait à l'équation (98), en prenant $z = ux^n = ux^{k-\frac{\alpha}{2}}$, il est clair qu'on devra attribuer à k, ses deux valeurs k_1, k_2 obtenues ci-dessus, de sorte qu'il en résultera pour l'intégrale complète de cette équation

$$z = Cx^{k_1-\frac{1}{2}\alpha}\int_0^{\pi} e^{Ax\cos\omega}\sin^{2k_1-1}\omega\, d\omega + C'x^{k_2-\frac{1}{2}\alpha}\int_0^{\pi} e^{Ax\cos\omega}\sin^{2k_2-1}\omega\, d\omega$$

ou bien, à cause de $k_2 = 1 - k_1$, et en écrivant $\frac{1}{2}\alpha_1$, au lieu de $1 - \frac{1}{2}\alpha$

$$z = Cx^{k_1-\frac{1}{2}\alpha}\int_0^{\pi} e^{Ax\cos\omega}\sin^{2k_1-1}\omega\, d\omega + C'x^{\frac{1}{2}\alpha_1-k_1}\int_0^{\pi} e^{Ax\cos\omega}\sin^{1-2k_1}\omega\, d\omega.$$

En considérant z comme fonction des deux variables t, x, cette dernière formule exprimera également la valeur de l'intégrale complète de l'équation (97), pourvu qu'on y remplace la constante A par la caractéristique ∂_t, et les constantes C, C' par des fonctions arbitraires de t; ce qui conduira à l'expression

$$z = x^{k_1-\frac{1}{2}\alpha}\int_0^{\pi} e^{x\cos\omega\partial_t}\varphi(t)\sin^{2k_1-1}\omega d\omega + x^{\frac{1}{2}\alpha_1-k_1}\int_0^{\pi} e^{x\cos\omega\partial_t}\psi(t)\sin^{1-2k_1}\omega d\omega, \qquad (103)$$

qui, d'après la théorie des caractéristiques, revient à

$$z = x^{k_1 - \frac{1}{2}\alpha} \int_0^\pi \varphi(ay + x\cos\omega)\sin^{2k_1 - 1}\omega\, d\omega$$

$$+ x^{\frac{1}{2}\alpha_1 - k_1} \int_0^\pi \psi(ay + x\cos\omega)\sin^{1-2k_1}\omega\, d\omega \qquad (104)$$

après avoir substitué ay à t.

Si l'on suppose $\alpha = 0$, la valeur de z s'accordera exactement avec celle obtenue par M. *Poisson*, pour l'intégrale complète de l'équation

$$\partial_y^2 z = a^2(\partial_x^2 z + \frac{\beta}{x^2} z).$$

En faisant $\beta = 0$, l'équation (97) se réduira à

$$\partial_y^2 z = a^2(\partial_x^2 z + \frac{\alpha}{x}\partial_x z), \qquad (105)$$

et son intégrale deviendra, à cause de $k_1 = 1 - \frac{\alpha}{2} = \frac{1}{2}\alpha_1$.

$$z = x^{1-\alpha} \int_0^\pi \varphi(ay + x\cos\omega)\sin^{1-\alpha}\omega\, d\omega$$

$$+ \int_0^\pi \psi(ay + x\cos\omega)\sin^{\alpha-1}\omega\, d\omega. \qquad (106)$$

Supposant en outre $\alpha = 0$, on obtiendrait pour le premier terme de l'intégrale de l'équation

$$\partial_y^2 z = a^2 \partial_x^2 z,$$

l'expression $$z = \int_0^\pi \varphi(ay + x\cos\omega)\, x \sin\omega\, d\omega.$$

Le second terme donné par la formule (106) ne pourra être applicable à l'hypothèse actuelle, puisqu'on a $k_1 = 0$.

Il est bon de remarquer ici que la valeur de u donnée par la formule (102), quoique n'indiquant qu'une intégrale particulière de l'équation (100), a suffi cependant pour obtenir l'intégrale complète de l'équation (97), ce qui provient de la double valeur dont l'exposant n est susceptible. Mais on peut facilement trouver une seconde valeur particulière de u, d'où l'on tirera de la même manière une autre expression pour l'intégrale complète de l'équation en z. En effet, k étant toujours supposé un nombre positif, l'équation aux limites

$$e^{px}(p^2 - A^2)^k = 0,$$

sera également satisfaite, en prenant $p = -A$ et $p = -\infty$; d'où il résulte pour u, la nouvelle valeur

$$u = C\int_A^\infty e^{-px}(A^2 - p^2)^{k-1}\, dp.$$

Posant maintenant $p = A \sec \omega$, les limites de l'intégrale se changeront en $\omega = 0$, $\omega = \frac{\pi}{2}$; et l'on aura alors

$$u = C\int_0^{\frac{\pi}{2}} e^{-Ax\sec\omega}\, \mathrm{tg}^{2k-1}\omega \sec\omega\, d\omega.$$

On en déduira comme ci-dessus pour la valeur de z, l'expression

$$z = x^{k_1 - \frac{\alpha}{2}}\int_0^{\frac{\pi}{2}} \varphi(ay - x\sec\omega)\, \mathrm{tg}^{2k_1-1}\omega \sec\omega\, d\omega$$

$$+ x^{\frac{\alpha_1}{2} - k_1}\int_0^{\frac{\pi}{2}} \psi(ay - x\sec\omega)\, \mathrm{tg}^{1-2k_1}\omega \sec\omega\, d\omega,$$

moins simple cependant que celle obtenue en premier lieu.

Observons encore que si dans l'équation (97), on remplace la caractéristique ∂_t par celle $\partial_t + a$, elle deviendra

$$\partial_t^2 z + 2a\,\partial_t z = \partial_x^2 z + \frac{\alpha}{x}\partial_x z + \left(\frac{\beta}{x^2} - a^2\right)z,$$

et son intégrale déduite de la formule (103), aura pour valeur

$$\begin{aligned} z = {} & x^{k_1 - \frac{\alpha}{2}} \int_0^\pi e^{ax\cos\omega} \varphi(t + x\cos\omega) \sin^{2k_1 - 1}\omega \, d\omega \\ & + x^{\frac{\alpha_1}{2} - k_1} \int_0^\pi e^{ax\cos\omega} \psi(t + x\cos\omega) \sin^{1 - 2k_1}\omega \, d\omega. \end{aligned} \tag{107}$$

36. **Nous allons montrer qu'il existe encore d'autres équations plus compliquées, qui par de légères substitutions se ramènent facilement à celle que nous venons de traiter.**

Prenons d'abord $z = e^{mx}u$, il en résultera $\partial_x z = e^{mx}(\partial_x + m)u$ et $\partial_x^2 z = e^{mx}(\partial_x + m)^2 u$; ces valeurs changeront l'équation

$$\partial_x^2 z + \frac{\alpha}{x}\partial_x z + \frac{\beta}{x^2} z = (\partial_y + a)^2 z,$$

en celle ci

$$(\partial_x + m)^2 u + \frac{\alpha}{x}(\partial_x + m)u + \frac{\beta}{x^2} u = (\partial_y + a)^2 u,$$

ou bien, après avoir développé les divers coefficiens caractéristiques

$$\partial_x^2 u + (2m + \frac{\alpha}{x})\partial_x u - \partial_y^2 u - 2a\partial_y u + (\frac{\beta}{x^2} + \frac{m\alpha}{x} + n^2)u = 0,$$

n^2 étant égal à $m^2 - a^2$.

Donc, cette dernière équation étant donnée, la supposition $u = e^{-mx}z$ la ramènera immédiatement à la forme de l'équation (97).

Considérons encore l'équation

$$\partial_y^2 z + 2A\partial_x\partial_y z + B\partial_x^2 z = \frac{C}{x}\partial_x z + \frac{D}{x}\partial_y z + \frac{E}{x^2} z.$$

En posant $z = x^n z'$, on s'assurera aisément que la supposition $n = \frac{D}{2A}$ fera disparaître le terme affecté de $\partial_y z$, de sorte que l'équation qui en résultera, prendra la forme

$$\partial_y^2 z' + 2A\partial_x\partial_y z' + B\partial_x^2 z' = \frac{C'}{x}\partial_x z' + \frac{D'}{x^2} z'; \tag{108}$$

les coefficiens C', D' ayant les valeurs suivantes

$$C' = C - 2Bn. \qquad D' = E + Cn - n(n-1)B.$$

L'équation précédente peut s'exprimer encore ainsi qu'il suit

$$(\partial_y + A\partial_x)^2 z' = A'^2 \partial_x^2 z' + \frac{C'}{x} \partial_x z' + \frac{D'}{x^2} z';$$

A'^2 étant égal à $A^2 - B$.

Faisons maintenant $z' = e^{-Ay\partial_x} u$, u désignant une nouvelle fonction des deux variables x, y. On en tirera

$$\partial_x z = e^{-Ay\partial_x} \partial_x u, \qquad \partial_y z = e^{-Ay\partial_x}(\partial_y u - A\partial_x u),$$

donc

$$(\partial_y + A\partial_x) z' = e^{-Ay\partial_x} \partial_y u,$$

et en posant pour abréger $\frac{C'}{A'^2} = \alpha$, $\frac{D'}{A'^2} = \beta$, il viendra après les substitutions exigées, au lieu de la proposée, l'équation

$$\partial_y^2 u = A'^2 \left\{ \partial_x^2 u + \frac{\alpha}{x} \partial_x u + \frac{\beta}{x^2} u \right\},$$

analogue à celle (97), et dont l'intégrale s'exprimera par conséquent par

$$u = x^{k_1 - \frac{\alpha}{2}} \int_0^\pi \phi(A'y + x\cos\omega) \sin^{2k_1 - 1}\omega \, d\omega$$
$$+ x^{\frac{\alpha_1}{2} - k_1} \int_0^\pi \psi(A'y + x\cos\omega) \sin^{1-2k_1}\omega \, d\omega.$$

Pour en déduire la valeur de $z' = e^{-Ay\partial_x} u$, on n'aura qu'à y remplacer x par $x - Ay$, ce qui donnera enfin

$$z = x^n \left\{ (x - Ay)^{k_1 - \frac{\alpha}{2}} \int_0^\pi \phi[A'y + (x - Ay)\cos\omega] \sin^{2k_1 - 1}\omega \, d\omega \right.$$
$$\left. + (x - Ay)^{\frac{\alpha_1}{2} - k_1} \int_0^\pi \psi[A'y + (x - Ay)\cos\omega] \sin^{1-2k_1}\omega \, d\omega \right\} \quad (109)$$

pour l'intégrale complète de la proposée.

37. L'équation

$$\partial_u \partial_v z = \frac{m}{u+v}\partial_u z + \frac{m'}{u+v}\partial_v z + \frac{nz}{(u+v)^2},$$

traitée pour la première fois par *Laplace* (*), est encore du genre de celles qui se ramènent à l'équation (97), ce qui ne paraît pas avoir été remarqué jusqu'ici. Il sera donc possible d'obtenir directement son intégrale sous forme finie, sans qu'il soit nécessaire d'en chercher auparavant le développement en série infinie. A cet effet, introduisons deux autres variables x, y, telles qu'on ait les relations

$$u = ax - y, \qquad v = y - a'x,$$

il en résultera (n.° 32).

$$\mathrm{D}_a z = (a-a')\partial_v z, \qquad \mathrm{D}_{a'} z = (a-a')\partial_u z$$
$$\mathrm{D}_a \mathrm{D}_{a'} z = (a-a')^2 \partial_u \partial_v z, \qquad u+v = (a-a')x.$$

Ces valeurs changeront la proposée en celle ci

$$\mathrm{D}_a \mathrm{D}_{a'} z = \frac{m}{x}\mathrm{D}_{a'} z + \frac{m'}{x}\mathrm{D}_a z + \frac{n}{x^2} z,$$

ou bien, en exprimant chaque membre en fonction des coefficiens différentiels partiels ∂_x, ∂_y

$$\partial_x^2 z + (a+a')\partial_x \partial_y z + aa'\partial_y^2 z = \left(\frac{m+m'}{x}\right)\partial_x z + \left(\frac{ma'+m'a}{x}\right)\partial_y z + \frac{n}{x^2} z.$$

Or, puisque les constantes a, a' sont entièrement arbitraires, on pourra en disposer ici, de manière que le terme effecté de $\partial_y z$ disparaisse dans cette dernière équation, ce qui s'effectuera en posant

$$a = \frac{1}{m'}, \qquad a' = -\frac{1}{m}.$$

Ces substitutions faites, l'équation dont il s'agit deviendra

$$\partial_y^2 z + (m'-m)\partial_x \partial_y z - mm'\partial_x^2 z + mm'\left(\frac{m+m'}{x}\right)\partial_x z + \frac{nmm'}{x^2} z = 0.$$

(*) Mémoires de l'académie des sciences, année 1779.

Si l'on compare à présent cette équation à celle (108), on aura

$$A = \frac{m'-m}{2}, \quad B = -mm', \quad A' = \frac{m+m'}{2},$$

$$C' = -mm'(m+m'), \quad D' = -nmm',$$

$$\alpha = -\frac{4mm'}{m+m'}, \quad \beta = -\frac{4nmm'}{(m+m')^2}.$$

Il viendra de plus

$$x = \frac{u+v}{a-a'} = \frac{mm'}{m+m'}(u+v), \qquad y = \frac{av+a'u}{a-a'} = \frac{mv-m'u}{m+m'},$$

donc $$x - Ay = \frac{mm'(u+v) + \left(\frac{m-m'}{2}\right)(mv-m'u)}{m+m'} = \frac{m'u+mv}{2},$$

et $$A'y + (x-Ay)\cos\omega = \frac{mv-m'u}{2} + \left(\frac{m'u+mv}{2}\right)\cos\omega$$

$$= mv\cos^2\frac{\omega}{2} - m'u\sin^2\frac{\omega}{2}.$$

Substituant ces valeurs dans la formule (109), on obtiendra pour l'intégrale cherchée

$$z = (m'u+mv)^{k_1-\frac{\alpha}{2}}\int_0^\pi \varphi\left(mv\cos^2\frac{\omega}{2} + m'u\sin^2\frac{\omega}{2}\right)\sin^{2k_1-1}\omega\, d\omega$$

$$+ (m'u+mv)^{\frac{\alpha_1}{2}-k_1}\int_0^\pi \psi\left(mv\cos^2\frac{\omega}{2} + m'u\sin^2\frac{\omega}{2}\right)\sin^{1-2k_1}\omega\, d\omega \qquad (110)$$

k_1 désignant, comme dans le n.° 35, une des racines de l'équation

$$k(k-1) = \frac{\alpha}{2}\left(\frac{\alpha}{2}-1\right) - \beta.$$

Dans le cas particulier où l'on a $n=0$, ce qui donnera à la fois $\beta=0$, on aura $k_1=\frac{\alpha}{2}$, $2k_1-1=\alpha-1$, et la valeur de z se réduira alors à celle ci

$$z = \int_0^\pi \varphi\left(mv\cos^2\frac{\omega}{2} + m'u\sin^2\frac{\omega}{2}\right)\sin^{\alpha-1}\omega\, d\omega$$

$$+ (m'u+mv)^{1-\alpha}\int_0^\pi \psi\left(mv\cos^2\frac{\omega}{2} + m'u\sin^2\frac{\omega}{2}\right)\sin^{1-\alpha}\omega\, d\omega. \qquad (111)$$

Si l'on suppose en outre $m = m'$, il en résultera pour l'intégrale de l'équation

$$\partial_u \partial_v z = \frac{m}{u+v} (\partial_u z + \partial_v z),$$

la valeur

$$z = \int_0^\pi \varphi \left\{ m \left(v \cos^2 \frac{\omega}{2} + u \sin^2 \frac{\omega}{2} \right) \right\} \sin^{-(2m+1)} \omega \, d\omega$$

$$+ (u+v)^{2m+1} \int_0^\pi \psi \left\{ m \left(v \cos^2 \frac{\omega}{2} + u \sin^2 \frac{\omega}{2} \right) \right\} \sin^{2m+1} \omega \, d\omega.$$

C'est *Euler* qui, le premier, a donné un développement en série infinie de l'intégrale de l'équation précédente(*). *Parseval* a fourni ensuite le moyen d'exprimer la valeur de cette série au moyen d'une intégrale définie (†). Mais il est aisé de s'assurer que le résultat auquel on parviendrait, en effectuant les transformations indiquées par ce dernier géomètre, serait d'une forme beaucoup moins simple que celle que nous venons d'obtenir ci-dessus.

38. Soit donnée encore l'équation

$$\partial_y z = a \partial_x^2 z + \frac{b}{x} \partial_x z + \frac{c}{x^2} z,$$

ne contenant par rapport à la variable y que son coefficient différentiel du premier ordre. Si l'on y fait $ay = t$, la proposée prendra la forme

$$\partial_t z = \partial_x^2 z + \frac{\alpha}{x} \partial_x z + \frac{\beta}{x^2} z. \qquad (112)$$

Si l'on marque la caractéristique ∂_t par la constante A, il est évident qu'en traitant l'équation précédente comme celle (97), son intégrale s'obtiendra directement à l'aide de la formule (103), pourvu qu'on y change ∂_t ou A en $\pm \partial_t^{\frac{1}{2}}$, ce qui fournira pour la première partie de l'intégrale complète, l'expression

$$x^{k_1 - \frac{\alpha}{2}} \int_0^\pi \left(e^{x \cos\omega \, \partial_t^{\frac{1}{2}}} + e^{-x \cos\omega \, \partial_t^{\frac{1}{2}}} \right) \varphi(t) \sin^{2k_1 - 1} \omega \, d\omega.$$

(*) Institut. calc. integr. Tom. III. pag. 267.

(†) Mémoires présentés par divers savans. Tom. I. pag. 541.

Pour savoir ce que signifie la caractéristique exponentielle qui affecte la fonction arbitraire, il suffira de remarquer qu'en posant

$$u = (e^{x\cos\omega\,\partial_t^{\frac{1}{2}}} + e^{-x\cos\omega\,\partial_t^{\frac{1}{2}}})\,\phi(t),$$

u étant fonction des deux variables x, t, on en tirera l'équation différentielle

$$\partial_x^2 u = \cos^2\omega\,\partial_t u\,;$$

d'où il suit que la valeur de u énonce sous une forme caractéristique l'intégrale de cette dernière équation, et pour laquelle nous avons déjà trouvé (n.° 33)

$$u = \int_{-\infty}^{\infty} e^{-\alpha^2}\phi(x\cos\omega + 2\alpha\sqrt{t})\,d\alpha.$$

La substitution de cette valeur de u, conduira à

$$z = x^{k_1 - \frac{\alpha}{2}} \int_0^{\pi} \sin^{2k_1 - 1}\omega\, d\omega \int_{-\infty}^{\infty} e^{-\alpha^2}\phi(x\cos\omega + 2\alpha\sqrt{t})\,d\alpha$$

$$+ x^{\frac{1}{2}k_1 - k_1}\int_0^{\pi} \sin^{1-2k_1}\omega\, d\omega \int_{-\infty}^{\infty} e^{-\alpha^2}\psi(x\cos\omega + 2\alpha\sqrt{t})\,d\alpha. \quad (113)$$

Telle est l'intégrale complète de l'équation (112). Si l'on y fait $\alpha = 0$ et $t = a^2 y$, le résultat particulier s'accordera encore avec celui obtenu par M. *Poisson*, pour l'intégrale de l'équation

$$\partial_y z = a^2\left\{\partial_x^2 z + \frac{\beta}{x}z\right\}.$$

Ce géomètre a prouvé en même tems que les deux fonctions arbitraires contenues dans la formule (113), sont susceptibles d'être réduites à une seule, ainsi que cela a lieu pour l'équation (94); ce qui tient à ce que l'équation à intégrer n'est que du premier ordre par rapport à l'une des deux variables indépendantes (*).

(*) Journal de l'Ecole polyt., Cah. XIX. pag. 240.

39. On vient de voir le parti qu'on peut tirer de l'intégration par les intégrales définies des équations différentielles ordinaires, pour en déduire celle des équations aux différentielles partielles. Voici encore quelques applications de la même méthode.

Soit à intégrer l'équation

$$\partial_x^2 z - \partial_x \partial_y z + \frac{\alpha}{x}\partial_x z - \frac{\beta}{x}\partial_y z = 0. \tag{114}$$

Elle donnera lieu à l'intégration de l'équation à deux variables

$$\partial^2 z + \frac{\alpha}{x}\partial z - \frac{\beta}{x}\mathrm{A}z - \mathrm{A}\partial z = 0, \tag{115}$$

A désignant ici la caractéristique ∂_y.

Faisons $z = \int e^{px}\mathrm{P}dp$; on trouvera, en intégrant par parties

$$x\partial^2 z = \int e^{px}\mathrm{P}p^2 x\, dp = e^{px}\mathrm{P}p^2 - \int e^{px}\, d(\mathrm{P}p^2)$$

$$x\partial z = \int e^{px}\mathrm{P}p\, x\, dp = e^{px}\mathrm{P}p - \int e^{px} d(\mathrm{P}p).$$

Ces valeurs étant substituées dans l'équation (115) mise sous la forme

$$x\partial^2 z + (\alpha - \mathrm{A}x)\,\partial z - \beta \mathrm{A}z = 0,$$

on obtiendra pour déterminer la fonction P, l'équation différentielle

$$\partial(\mathrm{P}p^2) - \mathrm{A}\partial(\mathrm{P}p) - \alpha \mathrm{P}p + \beta \mathrm{AP} = 0,$$

qui se réduit à

$$(p^2 - \mathrm{A}p)\,\partial\mathrm{P} + (2p - \mathrm{A} - \alpha p + \beta\mathrm{A})\,\mathrm{P} = 0;$$

d'où

$$\frac{\partial \mathrm{P}}{\mathrm{P}} = \frac{(\alpha-2)p + (1-\beta)\mathrm{A}}{(p-\mathrm{A})p}$$

$$= \frac{\alpha - \beta - 1}{p - \mathrm{A}} + \frac{\beta - 1}{p},$$

donc, en intégrant

$$\mathrm{P} = \mathrm{C}(p - \mathrm{A})^{\alpha-\beta-1}p^{\beta-1}.$$

Quant aux limites de l'intégrale, l'équation y relative étant

$$e^{px}(p^2P - APp) = Ce^{px}(p - A)^{\alpha-\beta}p^{\beta} = 0,$$

on en conclura, en supposant $\alpha > \beta$, les deux sistêmes de limites

$$p = 0, \quad p = A, \quad \text{et } p = 0, \quad p = -\infty.$$

Partant, l'équation (115) aura pour intégrale complète

$$z = C\int_0^A e^{px}(A-p)^{\alpha-\beta-1}p^{\beta-1}dp + C'\int_0^{\infty} e^{-px}(A+p)^{\alpha-\beta-1}p^{\beta-1}dp.$$

Si l'on prend $p = A\sin^2\phi$, le premier terme de cette intégrale se transformera en

$$C\int_0^{\frac{\pi}{2}} e^{Ax\sin^2\phi}\sin^{2\beta-1}\phi\cos^{2\alpha-2\beta-1}\phi\,d\phi.$$

Et en faisant $p = A\,\mathrm{tg}^2\phi$, le second terme se réduira à

$$C'\int_0^{\frac{\pi}{2}} e^{-Ax\,\mathrm{tg}^2\phi}\,\mathrm{tg}^{2\beta-1}\phi\sec^{2\alpha-2\beta}\phi\,d\phi.$$

Au moyen de ces substitutions, on trouvera, en opérant comme dans le n.° 35, pour l'intégrale complète de l'équation (114)

$$z = \int_0^{\frac{\pi}{2}} \psi(y + x\sin^2\phi)\sin^{2\beta-1}\phi\cos^{2\beta'-1}\phi\,d\phi$$

$$+\int_0^{\frac{\pi}{2}} \psi'(y - x\,\mathrm{tg}^2\phi)\,\mathrm{tg}^{2\beta-1}\phi\sec^{2\beta'}\phi\,d\phi, \qquad (116)$$

β' étant $= \alpha - \beta$.

L'équation $$\partial_y^2 z = \frac{a^2}{x^2}\left(\partial_x^2 z + \frac{\alpha}{x}\partial_x z\right), \qquad (117)$$

peut être traitée ainsi qu'il suit.

Faisons $x = \sqrt{2u}$ ou $x^2 = 2u$, on aura alors

$$\frac{1}{x}\partial_x z = \partial_u z. \qquad \partial_x^2 z = \partial_u z + 2u\partial_u^2 z,$$

ce qui transformera la proposée en celle ci

$$\partial_y^2 z = a^2\left\{\partial_u^2 z + \frac{\alpha+1}{2u}\partial_u z\right\},$$

équation analogue à celle (105). Donc la formule (106) donnera en y remplaçant α par $\frac{\alpha+1}{2}$, et remettant $\frac{1}{2}x^2$ à la place de u, l'intégrale

$$z = x^{\frac{1-\alpha}{2}}\int_0^\pi \varphi(ay + \frac{x^2}{2}\cos\omega)\sin^{\frac{1-\alpha}{2}}\omega\, d\omega$$

$$+\int_0^\pi \psi(ay + \frac{x^2}{2}\cos\omega)\sin^{\frac{\alpha-1}{2}}\omega\, d\omega. \qquad (118)$$

40. Nous terminerons cette dernière partie de notre travail par indiquer les transformations successives qui peuvent être appliquées à l'équation générale

$$\partial_x^2 z + P\partial_x\partial_y z + Q\partial_y^2 z + R\partial_y z + S\partial_x z + Tz = 0, \qquad (119)$$

afin de réduire le nombre des termes de son premier membre, tous les coefficiens P, Q...., étant supposés fonctions de x seulement. En effet, après avoir déterminé les quantités p, p', q, q', à l'aide des équations suivantes (n.° 18)

$$P = p + p'. \quad Q = pp'. \quad R = p'q + pq' + \partial p. \quad S = q + q',$$

et posant en outre $\qquad T = qq' + \partial q - T',$

la proposée prendra la forme

$$(D_{p'} + q')(D_p + q)z = T'z. \qquad (120)$$

Faisons d'abord $z = e^{-\int q dx} t$, t étant fonction des deux variables indépendantes, on en tirera

$$(D_p + q)z = e^{-\int q dx} D_p t$$

$$D_{p'}(D_p + q)z = e^{-\int q dx}\{D_{p'} D_p t - q D_p t\};$$

donc, l'équation (119) deviendra

$$D_{p'} D_p t + (q' - q) D_p t = T't.$$

Prenons encore $t = e^k u$, u étant également une fonction de x, y, et l'exposant k tel qu'on ait $D_p k = 0$, cette nouvelle substitution conduira à l'équation

$$D_{p'} D_p u + (D_{p'} k + q' - q) D_p u = T'u.$$

Déterminons à présent la fonction k de manière à ce qu'il en résulte

$$D_{p'} k = q - q',$$

ce qui fera disparaître le second terme de l'équation précédente. Or, puisqu'on a en même tems $D_p k = 0$, ces deux conditions fourniront pour évaluer cette fonction, les équations

$$(p' - p)\, \partial_y k = q - q', \qquad (p - p')\, \partial_x k = p(q - q'),$$

lesquelles étant intégrées la première par rapport à y, et la seconde par rapport à x, donneront

$$k = \left(\frac{q - q'}{p' - p}\right) y + \Phi(x). \qquad k = \int \frac{p(q - q')}{p - p'}\, dx + \Psi(y).$$

Ces deux valeurs de la fonction k montrent qu'elles ne pourront s'accorder que lorsque la quantité $\frac{q - q'}{p' - p}$ se réduit à une constante. Donc, en adoptant cette hypothèse, il viendra

$$k = \left(\frac{q - q'}{p' - p}\right) y - \int \frac{p(q - q')\, dx}{p' - p},$$

et puisque $z = e^{-\int q dx} t = e^{k - \int q dx} u$, l'exposant de e dans cette dernière expression aura pour valeur

$$\left(\frac{q - q'}{p' - p}\right) y - \int \left(\frac{p'q - pq'}{p' - p}\right) dx.$$

L'équation en u se transformera alors en

$$D_{p'}D_p u = T'u, \tag{121}$$

équation qui revient, à celle ci

$$\partial_x^2 u + P\partial_x\partial_y u + Q\partial_y^2 u + \partial p\partial_y u = T'u.$$

Si l'on écrit $2r$ au lieu de P, on s'assurera sans peine que la dernière équation peut encore s'énoncer sous la forme suivante

$$D_r^2 u + (Q - r^2)\,\partial_y^2 u + (\partial p - \partial r)\,\partial_y u = T'u,$$

qui équivaut à $$D_r^2 u - Q'^2\,\partial_y^2 u + R'\partial_y u = T'u, \tag{122}$$

en mettant pour abréger

$$r^2 - Q = \frac{P^2}{4} - Q^2 = \left(\frac{p-p'}{2}\right)^2 = Q'^2$$

$$R' = \partial(p - r) = \partial\left(\frac{p-p'}{2}\right),$$

d'où il suit en même tems $R' = \partial Q'$.

On peut maintenant remplacer la caractéristique D_r par celle ∂_x; à cet effet, il suffira de poser $u = e^{-r'\partial_y}u'$, r' étant la valeur de $\int r dx$, et u' une nouvelle fonction des deux variables x, y. On déduira alors la valeur de u de celle de u', en écrivant dans celle ci $y - r'$ à la place de y.

L'équation $u = e^{-r'\partial_y}u'$ donnera

$$D_r u = \partial_x u + r\partial_y u = e^{-r'\partial_y}\,\partial_x u. \quad D_r^2 u = e^{-r'\partial_y}\,\partial_x^2 u',$$

$$\partial_y u = e^{-r'\partial_y}\,\partial_y u. \quad \partial_y^2 u = e^{-r'\partial_y}\,\partial_y^2 u.$$

Ces substitutions changeront enfin l'équation (122) en celle ci

$$\partial_x^2 u' - Q'^2\,\partial_y^2 u' + \partial Q'\partial_y u' = T'u'.$$

Voici encore un autre mode de transformation qui pourra être appliqué à l'équation (121). En effet, soit $u = e^{-p_1\partial_y}u'$, p_1 désignant l'intégrale

$\int p dx$; on en tirera $D_p u = e^{-p_1 \partial_y} \partial_x u'$. Par conséquent

$$D_{p'} D_p u = e^{-p_1 \partial_y} \{ \partial_x^2 u' + (p' - p) \partial_x \partial_y u' \} = T' e^{-p_1 \partial_y} u',$$

ce qui conduira à l'équation

$$\partial_x^2 u' + (p' - p) \partial_x \partial_y u' = T' u'.$$

Telle paraît être la forme la plus simple à laquelle l'équation (119) puisse être ramenée dans l'hypothèse que nous venons d'admettre relativement aux quantités p, p', q, q'; et l'on voit clairement, d'après la théorie précédente, que la difficulté de son intégration est réduite à celle de l'équation à deux variables

$$\partial^2 u + P' \partial u = T' u, \qquad (123)$$

P', T' étant des fonctions de x. Donc chaque fois que la nature de ces fonctions permettra d'intégrer cette équation sous forme finie, il sera facile de déduire de cette dernière intégrale, celle de l'équation (121). Or, le problème dont il s'agit est encore loin d'être résolu dans toute sa généralité. Les géomètres feraient, à notre avis, une chose utile aux progrès de l'analyse, en établissant différentes classes de l'équation (123), susceptibles d'être intégrées au moyen d'intégrales définies.

NOTE SUR L'INTÉGRATION DE QUELQUES ÉQUATIONS LINÉAIRES A QUATRE VARIABLES INDÉPENDANTES ET A COEFFICIENS CONSTANTS.

1. Quoiqu'il n'entre pas dans mon plan de traiter pour le moment les équations différentielles contenant plus de deux variables indépendantes, j'ai cru néanmoins qu'il ne serait pas déplacé d'ajouter ici une application spéciale de la théorie des caractéristiques à l'intégration d'une classe d'équations linéaires à quatre variables indépendantes, connues dans plusieurs recherches de physique et de mécanique, et dont quelques géomètres du premier ordre se sont déjà occupés avec succès. Cette application m'a paru d'ailleurs très propre à faire ressortir davantage les ressources que présente notre théorie pour simplifier singulièrement les opérations analytiques.

2. Soit en premier lieu l'équation

$$\partial_t^2\phi = A\partial_x^2\phi + B\partial_y^2\phi + C\partial_z^2\phi, \tag{1}$$

la variable ϕ étant fonction de x, y, z, t.

On pourra toujours la réduire d'abord à la forme plus simple

$$\partial_t^2\phi = \partial_x^2\phi + \partial_y^2\phi + \partial_z^2\phi, \tag{2}$$

en écrivant $x\sqrt{A}$, $y\sqrt{B}$, $z\sqrt{C}$, à la place de x, y, z, ou bien à celle ci

$$\partial_t^2\phi = [\partial_x^2 + \partial_y^2 + \partial_z^2]\phi = \delta^2\phi, \tag{3}$$

en regardant $\partial_x^2 + \partial_y^2 + \partial_z^2$ comme une seule caractéristique d'opération que, pour abréger, l'on désignera par le signe δ^2.

Il est clair à présent qu'en appliquant à l'équation (3) le procédé du n.° 30, son intégrale complète s'exprimera par

$$\phi = \int_0^\pi e^{\delta t \cos\omega} t \sin\omega\, F(x, y, z)\, d\omega + \partial_t \int_0^\pi e^{\delta t \cos\omega} t \sin\omega\, F'(x, y, z)\, d\omega. \tag{4}$$

Or, d'après le théorème de M. *Poisson* cité au n.° 32, on a immédiatement

$$\int_0^\pi e^{\partial t\cos\omega} t\sin\omega\, d\omega = \int_0^\pi e^{t\cos\omega\sqrt{(\partial_x^2+\partial_y^2+\partial_z^2)}} t\sin\omega\, d\omega$$
$$= \frac{1}{2\pi}\iint e^{t(\cos u\,\partial_x + \sin u\sin v\,\partial_y + \sin u\cos v\,\partial_z)} t\sin u\, du\, dv. \quad (5)$$

De plus, l'expression

$$e^{\alpha\partial_x+\beta\partial_y+\gamma\partial_z} F(x, y, z),$$

indiquant, d'après la théorie des caractéristiques, la quantité

$$F(x+\alpha,\ y+\beta,\ z+\gamma),$$

il devient facile de conclure des équations (4) (5),

$$\varphi = \iint F(x+t\cos u,\ y+t\sin u\sin v,\ z+t\sin u\cos v)\, t\sin u\, du\, dv$$
$$+ \partial_t \iint F'(x+t\cos u,\ y+t\sin u\sin v,\ z+t\sin u\cos v)\, t\sin u\, du\, dv;$$

les intégrales ayant pour limites

$$u = 0, \quad u = \pi, \quad v = 0, \quad v = 2\pi.$$

On en déduira directement pour l'intégrale de l'équation (1)

$$\varphi = \iint F(x+\sqrt{A}\,t\cos u,\ y+\sqrt{B}\,t\sin u\sin v,\ z+\sqrt{C}\,t\sin u\cos v)\, t\sin u\, du\, dv$$
$$+ \partial_t \iint F'(x+\sqrt{A}\,t\cos u,\ y+\sqrt{B}\,t\sin u\sin v,\ z+\sqrt{C}\,t\sin u\cos v)\, t\sin u\, du\, dv. \quad (6)$$

Le résultat auquel nous venons de parvenir par une voie assez simple, s'accorde exactement avec celui donné pour la première fois par le susdit géomètre, en traitant le cas particulier de $A=B=C=a^2$ (*).

(*) Mémoires de l'Académie des sciences, année 1818, pag. 110.

3. Soit l'équation plus générale

$$\partial_t^2\varphi = A\partial_x^2\varphi + B\partial_y^2\varphi + C\partial_z^2\varphi + 2D\partial_x\partial_y\varphi + 2E\partial_x\partial_z\varphi + 2F\partial_y\partial_z\varphi. \quad (7)$$

Nous allons montrer que l'on peut faire dépendre son intégrale de celle de l'équation (2) traitée ci dessus.

En effet, donnons d'abord à la proposée la forme suivante

$$\partial_t^2\varphi = \partial_x^2\varphi + \partial_y^2\varphi + \partial_z^2\varphi + 2a\partial_x\partial_y\varphi + 2b\partial_x\partial_z\varphi + 2c\partial_y\partial_z\varphi, \quad (8)$$

ce qui s'effectuera, en changeant les variables comme précédemment, et posant en outre

$$\frac{D}{\sqrt{BC}} = a. \quad \frac{E}{\sqrt{AC}} = b. \quad \frac{F}{\sqrt{AB}} = c.$$

Considérons séparément l'équation

$$\partial_t^2\varphi = \partial_{x'}^2\varphi + \partial_{y'}^2\varphi + \partial_{z'}^2\varphi, \quad (9)$$

et introduisons à la place de x', y', z', trois autres variables indépendantes x, y, z, liées avec celles là par les relations

$$\begin{aligned} x &= \alpha x' + \alpha_1 y' + \alpha_2 z' \\ y &= \beta x' + \beta_1 y' + \beta_2 z' \\ z &= \gamma x' + \gamma_1 y' + \gamma_2 z'; \end{aligned}$$

d'où il est aisé de conclure

$$\begin{aligned} \partial_{x'}\varphi &= [\alpha\partial_x + \beta\partial_y + \gamma\partial_z]\varphi \\ \partial_{y'}\varphi &= [\alpha_1\partial_x + \beta_1\partial_y + \gamma_1\partial_z]\varphi \\ \partial_{z'}\varphi &= [\alpha_2\partial_x + \beta_2\partial_y + \gamma_2\partial_z]\varphi. \end{aligned} \quad (A)$$

Il est évident maintenant qu'en substituant ces valeurs dans l'équation (9), celle ci prendra précisément la forme de la proposée réduite à l'équation (8), pourvu que l'on détermine les neuf coefficiens α, β, γ, etc., de manière à satisfaire aux six relations suivantes

$$\alpha^2+\alpha_1^2+\alpha_2^2=1.\quad \beta^2+\beta_1^2+\beta_2^2=1.\quad \gamma^2+\gamma_1^2+\gamma_2^2=1$$
$$\alpha\beta+\alpha_1\beta_1+\alpha_2\beta_2=a$$
$$\alpha\gamma+\alpha_1\gamma_1+\alpha_2\gamma_2=b$$
$$\beta\gamma+\beta_1\gamma_1+\beta_2\gamma_2=c.$$

Rien n'empêche à présent de disposer de trois de ces neuf coefficiens, afin d'en réduire le nombre à celui des équations qui doivent servir à les déterminer en fonction des coefficiens de l'équation (8). Supposons donc $\beta=0$, $\gamma=0$ et $\gamma_1=0$; il en résultera d'abord

$$\alpha_2=b.\qquad \beta_2=c.\qquad \gamma_2=1,$$

et il restera à résoudre les équations

$$\alpha^2+\alpha_1^2+\alpha_2^2=1$$
$$\beta_1^2+\beta_2^2=1$$
$$\alpha_1\beta_1+\alpha_2\beta_2=a,$$

d'où l'on tire facilement

$$\alpha=\sqrt{\left\{1-b^2-\frac{(a-bc)^2}{1-c^2}\right\}}.\quad \alpha_1=\frac{a-bc}{\sqrt{(1-c^2)}}.\quad \beta_1=\sqrt{(1-c^2)}.$$

Les relations (A) se changeront alors en celles ci

$$\partial_{x'}\phi=\alpha\partial_x\phi.\qquad \partial_{y'}\phi=[\alpha_1\partial_x+\beta_1\partial_y]\phi$$
$$\partial_{z'}\phi=[b\partial_x+c\partial_y+\partial_z]\phi.$$

D'après ce qu'on a vu ci-dessus (n.° 2), le premier terme de l'intégrale complète qui vérifie l'équation (9) a pour expression

$$\iint e^{(\sin u\sin v\,\partial_{x'}+\sin u\cos v\,\partial_{y'}+\cos u\,\partial_{z'})t}\sin u\,F(x',y',z')du\,dv.$$

Il ne s'agira maintenant que d'y remplacer les caractéristiques $\partial_{x'}$, $\partial_{y'}$, $\partial_{z'}$, par leurs valeurs précédentes en fonctions de ∂_x, ∂_y, ∂_z. Effectuant cette substitution, on trouvera sans peine que l'exposant caractéristique de la quantité e, s'exprimera par

$$t\{(b\cos u + \alpha\sin u\sin v + \alpha_1\sin u\cos v)\partial_x + (c\cos u + \beta_1\sin u\cos v)\partial_y + \cos u\,\partial_z\}.$$

Donc, si pour abréger, on pose

$$x + t(b\cos u + \alpha\sin u\sin v + \alpha_1\sin u\cos v) = \mathrm{X}$$
$$y + t(c\cos u + \beta_1\sin u\cos v) = \mathrm{Y}$$
$$z + t\cos u = \mathrm{Z}$$

$\alpha, \alpha_1, \beta_1$ ayant les valeurs énoncées ci-dessus, il en résultera pour l'intégrale complète de l'équation (8), l'expression

$$\phi = \iint \mathrm{F}(\mathrm{X}, \mathrm{Y}, \mathrm{Z})\, t\sin u\, du\, dv + \partial_t \iint \mathrm{F}(\mathrm{X}, \mathrm{Y}, \mathrm{Z})\, t\sin u\, du\, dv. \quad (10)$$

En remettant au lieu de x, y, z, les variables $\frac{x}{\sqrt{\mathrm{A}}}, \frac{y}{\sqrt{\mathrm{B}}}, \frac{z}{\sqrt{\mathrm{C}}}$, et au lieu de a, b, c, leurs valeurs en fonction des coefficiens de la proposée, on s'assurera facilement que notre intégrale coincide parfaitement avec celle obtenue par M. *Cauchy*, en suivant une méthode tout à fait différente (*).

4. L'équation $$\partial_t\phi = \mathrm{A}\partial_x^2\phi + \mathrm{B}\partial_y^2\phi + \mathrm{C}\partial_z^2\phi, \quad (11)$$

est susceptible d'être intégrée ainsi qu'il suit.

Après avoir fait disparaître les trois constantes A, B, C, et en employant la notation adoptée précédemment (n.° 2), elle pourra s'écrire sous la forme simplifiée

$$\partial_t\phi = [\partial_x^2 + \partial_y^2 + \partial_z^2]\phi = \delta^2\phi.$$

L'intégration de cette équation du premier ordre par rapport à la variable t, donne sur le champ

$$\phi = e^{t\delta^2}\psi(x, y, z),$$

ou bien $$\phi = e^{t\partial_x^2 + t\partial_y^2 + t\partial_z^2}\psi(x, y, z). \quad (12)$$

(*) Journal de l'Ecole polyt. XX Cah., pag. 298.

Or, puisque (n.° 33)

$$e^{t\partial_x^2}\psi(x)=\frac{1}{\sqrt{\pi}}\int_{-\infty}^{\infty}e^{-\alpha^2}\psi(x+2\alpha\sqrt{t})\,d\alpha,$$

on aura de même

$$e^{t\partial_x^2}\psi(x,y,z)=\frac{1}{\sqrt{\pi}}\int_{-\infty}^{\infty}e^{-\alpha^2}\psi(x+2\alpha\sqrt{t},y,z)\,d\alpha$$

$$e^{t\partial_y^2}\psi(x,y,z)=\frac{1}{\sqrt{\pi}}\int_{-\infty}^{\infty}e^{-\beta^2}\psi(x,y+2\beta\sqrt{t},z)\,d\beta$$

$$e^{t\partial_z^2}\psi(x,y,z)=\frac{1}{\sqrt{\pi}}\int_{-\infty}^{\infty}e^{-\gamma^2}\psi(x,y,z+2\gamma\sqrt{t})\,d\gamma$$

d'où l'on conclura immédiatement pour la valeur de φ donnée par la formule (12)

$$\varphi=\iiint e^{-(\alpha^2+\beta^2+\gamma^2)}\psi\{x+2\alpha\sqrt{t},\,y+2\beta\sqrt{t},\,z+2\gamma\sqrt{t}\}\,d\alpha d\beta d\gamma, \quad (13)$$

chacune de ces intégrales s'étendant depuis l'infini négatif, jusqu'à l'infini positif.

On en tirera encore pour l'intégrale de la proposée

$$\varphi=\iiint e^{-(\alpha^2+\beta^2+\gamma^2)}\psi\{x+2\alpha\sqrt{At},\,y+2\beta\sqrt{Bt},\,z+2\gamma\sqrt{Ct}\}\,d\alpha d\beta d\gamma; \quad (14)$$

valeur qui s'accorde de même avec celle donnée par M. *Poisson* pour le cas particulier de $A=B=C=a$. (*)

5. L'intégrale que nous venons d'obtenir, conduit directement à celle de l'équation plus générale

$$\partial_t\varphi+m\varphi=\partial_x^2\varphi+\partial_y^2\varphi+\partial_z^2\varphi+2a\partial_x\partial_y\varphi+2b\partial_x\partial_z\varphi+2c\partial_y\partial_z\varphi. \quad (15)$$

En effet, changeons d'abord φ en $e^{-mt}\varphi'$, φ' étant une nouvelle fonction des quatre variables indépendantes, la proposée prendra la forme

$$\partial_t\varphi'=\partial_x^2\varphi'+\partial_y^2\varphi'+\partial_z^2\varphi'+2a\partial_x\partial_y\varphi'+2b\partial_x\partial_z\varphi'+2c\partial_y\partial_z\varphi'. \quad (16)$$

(*) Mémoires cités, pag. 144.

Prenons trois autres variables x', y', z', telles qu'on ait comme ci-dessus (n.° 3)

$$\begin{aligned} x &= \alpha x' + \alpha_1 y' + \alpha_2 z' \\ y &= \beta x' + \beta_1 y' + \beta_2 z' \\ z &= \gamma x' + \gamma_1 y' + \gamma_2 z', \end{aligned} \tag{A}$$

$$\begin{aligned} \partial_{x'}\varphi' &= [\alpha\,\partial_x + \beta\,\partial_y + \gamma\,\partial_z]\varphi' \\ \partial_{y'}\varphi' &= [\alpha_1\partial_x + \beta_1\partial_y + \gamma_1\partial_z]\varphi' \\ \partial_{z'}\varphi' &= [\alpha_2\partial_x + \beta_2\partial_y + \gamma_2\partial_z]\varphi' \end{aligned}$$

Or, en déterminant ces neuf coefficiens de la même manière que dans le n.° 3, l'équation (16) se réduira immédiatement à celle ci

$$\partial_t\varphi' = [\partial_{x'}^2 + \partial_{y'}^2 + \partial_{z'}^2]\varphi', \tag{17}$$

dont l'intégrale est donnée par la formule (13). Quant aux rélations (A), elles deviendront dans le cas actuel

$$\begin{aligned} x &= \alpha x' + \alpha_1 y' + bz' \\ y &= \beta_1 y' + cz' \\ z &= z', \end{aligned}$$

et conduiront aux valeurs

$$x' = \frac{\beta_1 x - \alpha_1 y + (\alpha_1 c - \beta_1 b)z}{\alpha\beta_1}. \qquad y' = \frac{y - cz}{\beta_1}.$$

De tout ce qui précéde on conclura aisément que la proposée aura pour intégrale

$$\varphi = e^{-mt}\iiint e^{-(p^2+q^2+r^2)}\psi(x'+2p\sqrt{t},\, y'+2q\sqrt{t},\, z+2r\sqrt{t})\,dp\,dq\,dr; \tag{18}$$

pourvu qu'on y écrive à la place de x', y', leurs valeurs exprimées ci-dessus en fonction de x, y, z.

Mais on peut obtenir encore pour cette intégrale, une autre expression contenant implicitement ces trois dernières variables. Pour cela, observons que la valeur de φ est susceptible d'être énoncée sous la forme suivante

$$\varphi' = e^{-mt} \iiint e^{-(p^2+q^2+r^2)} e^{2\sqrt{t}(p\partial_{x'}+q\partial_{y'}+r\partial_{z'})} \psi(x', y', z')\, dp\, dq\, dr.$$

Donc, en écrivant au lieu de $\partial_{x'}$, $\partial_{y'}$, $\partial_{z'}$, leurs expressions en ∂_x, ∂_y, ∂_z, données ci-dessus, on obtiendra, après avoir posé

$$p\alpha + q\alpha_1 + rb = k. \qquad q\beta_1 + rc = l,$$

$$\varphi = e^{-mt} \iiint e^{-(p^2+q^2+r^2)} \psi(x + 2k\sqrt{t},\ y + 2l\sqrt{t},\ z + 2r\sqrt{t})\, dp\, dq\, dr.$$

pour l'intégrale de l'équation (15).

Mars 1835.

Imprimerie de A. D. Schinkel, à La Haye.

www.ingramcontent.com/pod-product-compliance
Ingram Content Group UK Ltd.
Pitfield, Milton Keynes, MK11 3LW, UK
UKHW012240240726
13966UKWH00003B/1180